CAEP 中国环境规划政策绿皮书

长江中游典型磷矿区域污染防治项目管理实例

徐怒潮　丁贞玉　尹惠林　周鲲鹏　冯国杰　等 / 著

中国环境出版集团·北京

图书在版编目（CIP）数据

长江中游典型磷矿区域污染防治项目管理实例 / 徐怒潮等著. -- 北京：中国环境出版集团, 2023.12
（中国环境规划政策绿皮书）
ISBN 978-7-5111-5716-4

Ⅰ. ①长… Ⅱ. ①徐… Ⅲ. ①磷矿床－矿区－污染防治－项目管理－中国 Ⅳ. ①X322

中国国家版本馆 CIP 数据核字(2023)第 240275 号

出 版 人	武德凯
责任编辑	孔 锦
封面设计	彭 杉

出版发行	中国环境出版集团
	（100062 北京市东城区广渠门内大街 16 号）
网　　址：	http://www.cesp.com.cn
电子邮箱：	bjgl@cesp.com.cn
联系电话：	010-67112765（编辑管理部）
发行热线：	010-67125803，010-67113405（传真）
印 刷	北京鑫益晖印刷有限公司
经 销	各地新华书店
版 次	2023 年 12 月第 1 版
印 次	2023 年 12 月第 1 次印刷
开 本	787×1092　1/16
印 张	10.75
字 数	140 千字
定 价	89.00 元

《长江中游典型磷矿区域污染防治项目管理实例》
著作委员会

主　任　徐怒潮　丁贞玉

副主任　尹惠林

周鲲鹏

（生态环境部土壤与农业农村生态环境监管技术中心）

冯国杰

（北京高能时代环境技术股份有限公司）

委　员　范云　付全凯　李孝梅　郝占东　孙　宁

周　欣　张宗文

（生态环境部环境规划院）

姚　勇　倪鑫鑫　张　倩

（北京高能时代环境技术股份有限公司）

前　言

"十三五"以来，我国生态环境保护财政资金支持力度不断加大。县级生态环境主管部门组织项目的策划、申报和实施，是国家生态环境专项资金管理体系中的"细胞单元"，既是工程项目策划的发起者，又是工程项目实施的具体管理者。县级生态环境主管部门工程项目策划、申报和实施3个方面的能力水平，直接决定了我国生态环境工程项目财政投资绩效和生态环境问题的解决水平，因此在国家重大工程项目组织实施管理体系建设中，提高县级生态环境主管部门对工程项目的策划、申报和实施管理能力是非常重要的。

钟祥市地处湖北省中部，由湖北省荆门市代管，素有"中原磷都"之称，磷矿石含量居全国第2位。磷化工是钟祥市第一大支柱产业，依靠汉江黄金水道及交通发达等优势，该市磷化工年收入约占全市财政收入的1/2。然而，经过50多年的大规模开采，钟祥市磷矿资源进入了开发晚期，保有储量大幅下降，矿产资源逐年减少。目前，钟祥市被国家确定为"资源枯竭型城市"。过去磷矿的开采加工，给钟祥市带来经济效益的同时，也使钟祥市产生了严重的生态环境问题，主要表现在重金属污染、固体废物（含磷石膏库）和土壤污染等方面，不仅对汉江水质来说是一个突出的风险源，对区域性土壤和地下水也造成了污染。

本书以长江中游典型磷矿区域钟祥市污染防治管理为例，通过开展规划引领污染防治方向，系统落实重点任务达到区域污染防治的目的。

在此基础上，分别通过顶层设计、源头管控、流域统筹、农田示范、地块修复提供了典型类型项目的管理案例阐释，最终形成了区域污染防治管理经验，以期为土壤环境管理者、科研工作者、土壤环境咨询服务和修复工程方面工作者在开展土壤污染防治、环境管理和工程实践的过程中提供经验和借鉴。

全书共有 7 章。第 1 章由付全凯、郝占东撰写；第 2 章由丁贞玉、尹惠林、孙宁撰写；第 3 章由徐怒潮、张宗文撰写；第 4 章由冯国杰、丁贞玉、姚勇、徐怒潮撰写；第 5 章由周鲲鹏、倪鑫鑫、周欣、张倩撰写；第 6 章由尹惠林、徐怒潮、李孝梅撰写；第 7 章由范云、丁贞玉、徐怒潮撰写。由徐怒潮负责统稿。

在本书的撰写过程中得到了荆门市生态环境局钟祥分局吴翔、李景龙、张芹、李本刚、黎箭，邯郸市生态环境局孔祥斌等同志的大力支持和帮助，在此一并表示衷心感谢！

限于著者能力，书中难免存在不足之处，敬请广大读者批评指正！

著　者

2023 年 7 月

目录

1	1 概　述
1	1.1 我国土壤污染防治发展历程
4	1.2 长江沿线生态环境保护政策
5	1.3 钟祥市区域状况
14	1.4 区域磷化工生产工艺
20	2 顶层设计
20	2.1 国家污染防治的支持和政策
23	2.2 汉江流域钟祥段总体规划
37	3 源头管控
37	3.1 磷石膏产生环节
39	3.2 磷石膏特性
40	3.3 污染识别
40	3.4 区域渣场磷石膏产生量
41	3.5 磷石膏渣场排查
43	3.6 地下水污染影响预测结果
58	3.7 经验总结
63	4 流域统筹
63	4.1 钟祥市流域总体概况
65	4.2 南泉河流域污染状况调查
69	4.3 南泉河流域治理实施
82	4.4 预警平台应用

目录

87   4.5   项目效益

89   **5   农田示范**

89   5.1   钟祥市农用地总体概况

92   5.2   区域农田安全与利用

112   5.3   重金属污染耕地补偿政策

116   5.4   耕地补偿标准体系的构建

120   5.5   存在问题

122   5.6   经验总结

125   **6   地块修复**

125   6.1   我国污染地块土壤环境管理要求

127   6.2   污染地块水文地质调查

134   6.3   磷化工污染地块调查评估

139   6.4   污染来源验证

142   6.5   污染影响分析

152   6.6   污染健康风险评价

154   6.7   地块修复治理实施

161   **7   管理经验**

161   7.1   做"实"规划,储"好"项目

162   7.2   全方位协调,积极开展申报工作

164   7.3   严格项目管理规定和程序

164   7.4   重视管理干部培养

1

概　述

1.1　我国土壤污染防治发展历程

　　20 世纪 70 年代以来，全球土壤和地下水修复行业快速发展。早期修复行业主要关注危险废物的处理、运输和处置，而目前已发展成为覆盖土壤、地下水、沉积物，乃至特殊废物处置的综合性行业。基于历年代表性国家的修复产值和项目规模，全球土壤和地下水修复行业发展大致可划分为以下 3 个阶段。

　　第一个阶段：1980—1995 年，全球修复行业的起步与发展阶段。该阶段以美国为主导，修复市场规模不断扩大并初步构建了行业的从业规范。全球修复市场形成最早的开端是 1979 年 Love 运河事件和 1980 年美国《综合环境反应、赔偿和责任法》（CERCLA，也称《超级基金法》）的颁布。1982—1991 年，美国超级基金每年的修复项目数从 9 个增长至 361 个，增长了约 39 倍。为适应修复行业发展需要，美国国家环境保护局（U.S.EPA，以下简称美国环保局）颁布了地下储罐（UST）、《资源保护及恢复法案》（RCRA）等以明确从业者和监管部门职责。除美国

1

环保局以外，美国国防部和能源部分别承担起军事活动和核能相关活动所致污染场地的修复工作，其总资金量可与超级基金比肩。另外，在联邦法令要求下，由污染责任方主导的州辖属污染场地的修复也在市场占据一席之地。与此同时，英国、法国等欧洲国家和地区的污染场地修复问题逐步得到关注，如英国颁布了《环境保护法 1990：IIA 部分》和《污染地块条例》（2000 年），荷兰、德国等分别制定了《土壤保护法》（1988 年）和《联邦土壤保护法》（FSPA，1999 年）等。在此期间，一些历史遗留的工业污染问题，如德国鲁尔区的环境整治等项目的开展，驱动了欧洲修复市场的发展和完善；全球范围内的修复市场份额逐年增长，从 1982 年的 9 亿美元增长至 1995 年的 65 亿美元，增长了 6 倍以上，主要来源于美国修复行业的贡献。针对在产企业的管理，欧美国家在此期间逐步形成了完整的管理框架，如美国环保局在《污染防治法》（PPA）和《清洁空气法》（CAA）中提出了企业减少污染源的策略，并对有毒有害物质的排放实施许可证制度。英国制定了为企业或业主针对可能造成土地污染的项目提供指导的建议性文件，并实施环境许可证制度管控在产企业风险。

第二个阶段：1995—2005 年，该阶段特点表现为全球土壤和地下水修复行业出现美国修复市场逐步萎缩而欧洲修复市场逐步兴起，全球修复市场总体增长平稳但部分市场份额向欧洲转移。1995 年，由于超级基金资金来源的 3 个税种到期，超级基金的经费日趋匮乏。同时，受限于超级基金严格的责任制度等因素，美国超级基金的修复项目数逐年下降。与 1995 年相比，2005 年的修复项目数减少了 123 项，降幅达 55%。另一方面，以英国为代表的欧洲国家土壤和地下水修复行业逐步发展起来。在此期间，除美国以外的主要发达国家修复项目数量快速增长，如英国 1995—2005 年的修复项目增加了 112 项。

　　第三个阶段：2005 年以后，这个阶段的特点是发展中国家（如中国、印度等）国家修复行业开始起步并且迅速增长，成为推动全球修复行业发展的新兴力量。中国土壤和地下水修复行业发轫的标志性事件即为 2004 年的"宋家庄地铁站中毒事件"。到 2019 年，中国土壤和地下水修复项目规模达到 476 个。而在此期间，尽管美国多次对《超级基金法》进行修订，但每年的修复项目数量缓慢下降并趋于稳定。2005—2017 年，超级基金每年的修复项目数从 113 个减少到 64 个，降低了 43%。欧洲地区的修复项目数在此期间年平均约 24 个。同期，全球修复市场总体上开始逐步上升，12 年间修复市场份额从 64 亿美元增长至约 91 亿美元，增长了约 42%。

　　历数全球土壤和地下水修复行业发展，项目需求、经济增长，以及技术和管理创新是驱动行业发展及其演化的关键因子。

　　首先，推动全球修复行业发展的首要动因是公众对一些大型污染事件的普遍关注。如美国 Love 运河事件、日本富山事件、印度博帕尔事件等均在全球范围内引起普遍关注从而间接推动了修复行业的发展。

　　其次，污染地块修复的首要驱动力是世界各国均面临的大量污染地块修复需求。据统计，美国超级基金确定的污染地块数量约有 45 万块，欧盟记录的污染地块数量达 34.2 万块，而中国受污染的农田和工业场地约有数百万公顷。大量的污染地块分布于城市周边等人口密集地段，造成巨大的环境和公众健康安全隐患。

　　再次，刺激当地经济增长的需求是推动污染地块进行修复的正向拉力。20 世纪 80 年代以来，西方国家普遍存在城市中心区衰落的逆城市化现象，中心城区原有工业迁出后往往伴随着环境污染严重、经济贫困、犯罪率升高等问题。地方政府往往通过对污染的场地进行修复后促进废弃土地的再开发，来实现城市经济的复兴。因此，修复行业成为刺激当地经济增长的重要手段。

最后，修复技术的不断进步和创新则进一步刺激了修复市场规模的不断扩大。对于全球修复行业的不断发展，保证公众健康和发展地区经济是早期修复行业发展的直接动因，经济增长诱因和相关政策制度的完善是修复行业不断扩张的动力，技术进步与修复行业的快速发展将形成一个正向的反馈效应。

1.2 长江沿线生态环境保护政策

2018年4月，习近平总书记前往长江沿岸考察调研长江生态环境修复工作，把脉长江经济带发展。同年4月26日，《习近平在深入推动长江经济带发展座谈会上的讲话》强调"长江经济带应该走出一条生态优先、绿色发展的新路子。一是要深刻理解把握共抓大保护、不搞大开发和生态优先、绿色发展的内涵。共抓大保护和生态优先讲的是生态环境保护问题，是前提；不搞大开发和绿色发展讲的是经济发展问题，是结果；共抓大保护、不搞大开发侧重当前和策略方法；生态优先、绿色发展强调未来和方向路径，彼此是辩证统一的。二是要积极探索推广绿水青山转化为金山银山的路径，选择具备条件的地区开展生态产品价值实现机制试点，探索政府主导、企业和社会各界参与、市场化运作、可持续的生态产品价值实现路径。三是要深入实施乡村振兴战略，打好脱贫攻坚战，发挥农村生态资源丰富的优势，吸引资本、技术、人才等要素向乡村流动，把绿水青山变成金山银山，带动贫困人口增收。"

2018年12月31日，生态环境部、国家发展和改革委员会（以下简称国家发展改革委）联合印发《长江保护修复攻坚战行动计划》，以长江干流、主要支流及重点湖库为重点，加快入河（湖、库）排污口排查整治，强化工业、农业、生活、航运污染治理，加强生态系统保护修复，全面推动长江经济带大保护工作，为全国生态环境保护形成示范带动作用。推进"三磷"（磷矿、磷肥和含磷农药制造等磷化工企业、磷石膏库）综合整治。组织湖北、四川、贵州、云南、湖南、重庆等省（市）开展"三磷"专项排查整治行动，磷矿重点排查矿井水等污水处理回用和监测监管，磷化工重点排查企业和园区的初期雨水、含磷农药母液收集处理以及磷酸生产环节磷回收，磷石膏库重点排查规范化建设管理和综合利用等情况。

2019 年 6 月 17 日，湖北省生态环境厅、湖北省发展和改革委员会发布了《湖北省长江保护修复攻坚战工作方案》，通过修复攻坚行动，长江干流、主要支流及重点湖库的湿地生态功能得到有效保护，生态用水需求得到基本保障，生态环境风险得到有效遏制，生态环境质量持续改善。组织开展"三磷"专项排查整治行动。

2019 年 7 月 9 日，生态环境部发布了《长江"三磷"专项排查整治技术指南》（以下简称《指南》），适用于涉及长江经济带的湖北省等 7 省（市）"三磷"企业（矿、库）的排查整治工作。指导解决长江经济带磷矿、磷化工企业（磷肥企业、含磷农药企业、黄磷企业）、磷石膏库"三磷"行业污染重、风险大、严重违法违规等突出生态环境问题和水体总磷超标问题。

1.3　钟祥市区域状况

1.3.1　地理位置

钟祥市地处湖北省中部，汉江平原北端，汉江中游，地跨东经 112°07′—130°00′，北纬 30°42′—31°36′。东与京山市毗邻，南与天门市交界，西邻东宝区、掇刀区和沙洋县，西北与宜城市接壤。东西最大横距为 83.5 km，南北最大纵距为 100.6 km，土地面积为 4 488 km²。钟祥市内山地、丘陵、平原、江河、湖泊兼而有之，焦枝铁路、长荆铁路、武荆高速、襄荆高速及寺沙、汉宜、皂当省级公路交织，是连东西、跨南北的重要交通要道和物流集散地。

1.3.2　气象气候

项目所在地属亚热带季风气候，四季分明，冬冷夏热，春、秋两季气候温暖，日照充足，降水充沛，无霜期长。根据近 30 年气象资料，统计出主要气象要素：①气温。全年平均气温为 14～22℃，极端最高气温为 38.0℃，极端最低气温为 −10.0℃。②降水量。年平均降水量为 960 mm，年最大降水量为 1 510.0 mm，年最小降水量为 652.4 mm，年最大日降水量为 233.7 mm，年最大小时降水量为 66.4 mm。③最大冻土深度为 600 mm。④年平均相对湿度为 74%。⑤海拔高度为 163.5～175 m。⑥风速及风向。年平均风速为 3.3 m/s，基本风压值为 0.3 Pa，最大积雪深度为 170 mm，春季风速最大，夏季风速最小。从各风向、平均风速来看，以 N、NNE、NNW 风向下的平均风速为大，依次为 4.1 m/s、3.8 m/s、3.5 m/s。年主导风向为 N，次主导风向为 NNW。

1.3.3　地形地貌与地质构造

钟祥市地层由元古界到新生界出露齐全，仅缺中生界的侏罗系。地貌山地、丘陵、平原、溶洞、山冲均有。土壤成土母质以近代河流河谷冲击物和第四纪黏土为主。根据现场地质调绘结合区域地质资料，区域构造带均为非活动性断裂，对项目建设无显著影响。

1.3.4　经济社会概况

钟祥市现辖街道办事处 1 个，镇 15 个，乡 1 个，开发区 1 个；居委会 54 个，村委会 493 个，人口有 102.3 万人，面积为 4 488 km²。其中，胡集镇辖有居委会 9 个，村委会 43 个，居民小组 24 个，村民小组 258 个，人口有 14 万人，面积为 393 km²；双河镇辖有居委会 2 个，村委会 34 个，居民小组 5 个，村民小组 177 个，人口有 4.3 万人，面积为 235 km²；磷矿镇辖有居委会 2 个，村委会 19 个，居民小组 2 个，村民小组 136 个，人口有 4.5 万人，面积为 219 km²。

钟祥市是国家历史文化名城、中国优秀旅游城市、中国长寿之乡，世界文化遗产明显陵所在地，也是国家可持续发展实验区、全国生态示范区、全国资源枯竭转型试点城市和全国科技、教育、文化先进县市，省级文明城市，省级卫生城市。

钟祥市是一个农业大市，土地总面积为 431 938.88 hm²，位居湖北省县（市）级第 3，其中耕地面积为 187 987.45 hm²，园地面积为 3 324.31 hm²，林地面积为 116 957.29 hm²，草地面积为 14 082.81 hm²，城镇村及工矿用地面积为 34 408.41 hm²，交通运输用地面积为 6 861.67 hm²，水域及设施用地面积为 59 892.87 hm²，田埂等未利用地面积为 8 424.07 hm²。林地面积位居荆门市第 1，水域总面积位居湖北省县（市）级第 7。钟祥市主要的粮食作物有水稻和玉米；叶菜类蔬菜有空心菜、白菜、韭菜等；根菜类蔬菜有红薯、萝卜等；瓜果类有冬瓜、南瓜等；豆类有豇豆、豆角等。水稻、小麦、油菜的累计种植面积最多，达到 40 000 hm²；玉米次之，达到 33 300 hm²；大豆达到 20 000 hm²；蔬菜、西瓜、花生等均为 13 000 hm²；从单品种的种植面积来看，玉米种植面积最为广泛。

1.3.5 重金属产业发展历史及现状

（1）矿产资源

钟祥市现已探明的矿产资源有 6 类 27 种，占全国已发现矿种的 1/6，占湖北省的 1/4，主要有磷矿石、累托石、矿泉水、硫铁矿、石灰岩、耐火黏土、滑石、大理石、煤、重晶石、白云石、金刚石、砂金等。其中磷矿石储量达 5.36 亿 t，居全国第 2 位，开采量居全国第 1 位，素有"中原磷都"之称。钟祥市境内有国家"八五"重点工程，是国家磷化工基地。在石油钻探和航天工业等领域有着广泛用途的累托石矿，全世界仅发现 40 多处，有开采价值的仅 3 处，其中尤以钟祥市磷矿镇境内储量多、开采利用价值大，储量达 20 亿 t，为湖北省之冠。矿泉水资源主要分布在长滩、客店、长寿等乡镇，目前正在开发利用。发展磷化工业、精细化工、建筑建材工业具有得天独厚的资源优势，且已具备一定的发展基础。

（2）矿产开发历程与发展过程

钟祥市磷化工企业始建于 1958 年，从 2000 年开始磷化工企业快速发展，特别是在 2005 年以后，一大批上规模的硫酸厂和磷酸一铵企业先后建成投产（表 1-1）。这些企业分别建在丽阳、桥档、金山、虎山、福泉、刘冲 6 个村内，排放的污染物主要有二氧化硫、氮氧化物、氟化物、粉尘、烟尘、废水等，为周边群众生产生活带来极大危害。近年来，因污染问题引起的信访案件逐年增多。

表 1-1　流域内工矿企业分布

序号	企业名称	投产时间	项目产能及规模
1	湖北瑞丰磷化有限公司	2007 年 10 月	10 万 t/a 硫铁矿制酸、3 万 t/a 磷酸一铵
2	荆门新洋丰中磷肥业有限公司	2009 年 4 月	20 万 t/a 硫铁矿制酸、30 万 t/a 磷酸一铵、120 万 t/a 磷矿石采选
3	湖北世龙化工有限公司	2005 年 6 月，2008 年 2 月，2009 年 8 月	30 万 t/a 硫铁矿制酸、28 万 t/a 磷酸一铵、8 万 t/a 硫酸钾复合肥、60 万 t/a 磷石膏综合利用
4	湖北京襄化工有限公司	2008 年 3 月	15 万 t/a 硫铁矿制酸、15 万 t/a 磷酸一铵、40 万 t/a 磷矿石采选、6 万 m^2/a 纸面板
5	钟祥市楚钟磷化有限公司	2008 年 10 月，2006 年 8 月	12 万 t/a 硫铁矿制酸、8 万 t/a 磷酸一铵
6	湖北澳佳肥业有限公司	2011 年 9 月	60 万 t/a 新型缓控释复混复合肥
7	湖北祥福化工科技有限公司	2010 年 5 月	2 万 t/a 冰晶石
8	荆门市放马山高原磷肥有限公司	1988 年 10 月	10 万 t/a 钙镁磷肥
9	荆门市浩伦农科磷化有限公司	2003 年 3 月	20 万 t/a 钙镁磷肥
10	荆门市放马山富盛化工有限公司	2002 年 9 月	10 万 t/a 普通过磷酸钙
11	荆门市兴马磷化有限公司	2005 年 5 月	10 万 t/a 普通过磷酸钙
12	湖北楚丰化工有限公司	2005 年 12 月，2010 年 7 月，2012 年 11 月	15 万 t/a 普通过磷酸钙、20 万 t/a 复合肥、30 万 t/a 磷矿石浮选
13	钟祥市丰登化工厂	1999 年 11 月	10 万 t/a 普通过磷酸钙
14	荆门市宏运肥业有限公司	2007 年 11 月	10 万 t/a 普通过磷酸钙

序号	企业名称	投产时间	项目产能及规模
15	钟祥市金鸿磷肥厂	1999 年 7 月	10 万 t/a 普通过磷酸钙
16	钟祥市神禾苑磷化有限公司	2003 年 12 月	15 万 t/a 普通过磷酸钙
17	钟祥市五洋矿肥有限公司	2011 年 9 月	12 万 t/a 普通过磷酸钙
18	湖北大峪口化工有限责任公司	2009 年 3 月（1 期硫酸），2012 年 5 月（2 期硫酸）	62 万 t/a 硫黄制酸、15 万 t/a 磷酸一铵技改项目；20 万 t/a 磷酸、35 万 t/a 磷酸二铵、18 MW 自备电厂；20 万 t/a 磷酸；80 万 t/a 硫黄制酸、48 万 t/a NPK 复合肥；160 万 t/a 采选矿技改
19	钟祥市郢州肥业有限责任公司	1994 年 11 月	5 万 t/a 钙镁磷肥
20	钟祥市国荣磷化有限公司	2008 年 11 月	10 万 t/a 硫铁矿制酸
21	湖北中原磷化有限公司	2003 年 12 月	1 万 t/a 磷酸一铵、15 万 t/a 复合肥
22	湖北金山磷化股份有限公司	1990 年 5 月	20 万 t/a 高塔熔体造粒复合肥、20 万 t/a 钙镁磷肥
23	钟祥市八字山化工厂	2003 年 6 月	12 万 t/a 普通过磷酸钙
24	钟祥市西湖磷化有限公司	2000 年 6 月	15 万 t/a 过磷酸钙
25	湖北科海化工科技有限公司	2010 年 9 月	20 万 t/a 硫黄制酸、10 万 t/a 磷酸一铵

胡集及双河地区上规模的涉重企业有湖北世龙化工有限公司、荆门新洋丰中磷肥业有限公司、湖北京襄化工有限公司、钟祥市楚钟磷化有限公司、湖北瑞丰磷化有限公司、湖北鄂中化工有限公司及钟祥市大生化工有限公司 7 家。这些企业当前存在的环境问题主要有以下 4 个。

一是大部分化工企业建设项目未执行环保设施"三同时"验收制度，环保设施与主体工程没有同时建设、同时投入使用。胡集地区新建的化工企业都是私营企业，企业为了个人的经济利益，建设项目主体工程一完工，未建环保设施就立即投入生产，环保设施都是边生产、边修建，有的干脆不建环保设施，直接利用原有的水坑、堰塘、沟渠作为废水循环池和处理池，致使企业在生产过程中产生的废水、废气、粉尘对周边环境造成了严重污染。

二是部分企业在生产时产生的废气不能稳定达标排放，特别是硫酸企业在开停车和生产设备损坏时，超标排放二氧化硫和三氧化硫，对周边居民的生活和农作物造成了污染和不良影响。

三是环保设施配套不规范，设备陈旧老化，处理效果不明显，特别是普钙企业，洗涤除氟设施简陋，如遇雨天和大气压低的天气，排放的氟气就会对农作物造成很大污染，对人体健康造成危害。另外，生产钙镁磷肥的企业，为了减小成本，擅自改变生产工艺，把原材料焦炭改为劣质块煤，在生产时产生大量二氧化硫、氮氧化物和臭味，对周边居民也造成了很大危害。

四是固体废物堆放，未修建标准的堆场。这些固体废物在运输处置过程中，运输车辆未采取防扬散、防渗漏措施，致使少量固体废物抛撒在道路上，日积月累，路面便积累了厚厚一层固体废物粉尘，车辆驶过便扬尘四起，对行人和在道路两边居住的居民造成很大影响。

由于磷化及硫铁矿制酸企业污染日益严重，胡集镇、双河镇政府支付的赔偿金也越来越多。同时，这些企业的污染物经过南泉河、浰河流入汉江，造成了汉江的污染。

此外，胡集镇及双河镇地处丘陵区，其中南泉河流域上游三面环山，集雨面积较大，在降暴雨时水流顺山势而下，加之南泉河仅为自然形成的蜿蜒河沟，淤塞严重，排水不畅，曾造成多次洪涝灾害。洪涝灾害给流域内 5 个村庄、7 781 人及 4 450 亩（1 亩≈667 m²）良田都带来了深重的灾难，严重制约了工农业的发展。

1.3.6 区域水文地质概况

1.3.6.1 松散岩类孔隙潜水

松散岩类孔隙潜水：分布于区域东北和东侧边界附近的汉水心滩、漫滩、Ⅰ级阶地前缘及丘陵、岗状平原上，含水层组由第四系全新统粉细砂、砂砾石、黏土夹砂组成。松散岩类孔隙潜水具有以下两个特点：①水量丰富，单井涌水量为 1 000～5 000 m³/d：其分布面积随江水水位涨落而变化，含水层组厚 24.43 m 以上，直接接受大气降水和汉水的补给。与邻区相同含水层组相比，单井涌水量为 1 000～5 000 m³/d，渗透系数为 10～50 m/d，影响半径为 150～200 m。②水量贫乏，单井涌水量小于 10 m³/d：分布于区域西北部涮河两岸Ⅰ级阶地上。含水层组由砂砾石，黏土夹砂组成，厚 0.4～1 m。接受地表水的渗入补给，水位埋深为 0.5～5.5 m，单井涌水量为 1.11～8.64 m³/d。

1.3.6.2 孔隙承压水

孔隙承压水分布于区域东侧汉水Ⅰ级、Ⅱ级阶地上，赋存于第四系全新统，上更新统砂，砂砾石层中。水量中等，单井涌水量为 500～1 000 m³/d，主要分布于区域东部，含水层组顶板埋深为 10～25 m，厚度为 10～30 m，渗透系数为 2.92～20.13 m/d，影响半径为 100～400 m。

1.3.6.3　碳酸盐岩类岩溶水

碳酸盐岩类岩溶水分布于低山丘陵区。含水层组由震旦系陡山陀组、灰岩、白云质灰岩、白云岩及泥灰岩组成。溶沟、溶槽、溶蚀洼地、岩溶漏斗、落水洞、溶洞等发育程度受岩性、褶皱和断裂的控制。

碳酸盐岩裂隙岩溶水：①水量丰富、泉流量大于 1 000 m^3/d 的，分布于区域西部断裂一侧，其补给来源于大气降水，地下水动态随季节略有变化；②水量中等，泉流量为 100～1 000 m^3/d 的，分布于区域中西部，地下水动态随季节变化，但终年不干。

碳酸盐岩夹碎屑岩裂隙岩溶水：水量贫乏，钻孔单位涌水量为 10～100 m^3/d；零星分布于区域中部，地下水动态季节影响不大。

1.3.6.4　基岩裂隙水

岩浆岩风化裂隙水：泉流量小于 10 m^3/d；分布于区域中部，含水层组为晋宁期片麻花岗岩，泉流量为 1.21 m^3/d。

区内水化学总的特点是矿化度小于 1 g/L，微具碱性。水温为 17～19℃，属重碳酸钙型、重碳酸钙镁型水。

1.3.6.5　非含水岩组

非含水岩组分布于区域西南等地。由志留系中下统砂岩、页岩及震旦系中统冰碛研岩、第四系中下更新统黏土、冰碛泥砾组成。因其组成物质粒度小、含泥量高、含水透水性极差、地下水含量甚微或不含水。

1.4 区域磷化工生产工艺

1.4.1 磷酸生产工序

磷酸生产主要工序包括原料贮存工序、反应工序、过滤工序、尾气洗涤工序、酸贮存工序。

（1）原料贮存工序

含水 30%～35%wt（湿重）的磷矿浆由该项目磨矿装置用管道送往矿浆贮槽，再由矿浆泵送到反应工序。矿浆贮槽设置搅拌器以保持固体悬浮。98%wt 浓硫酸由该项目硫酸装置罐区直接用管道送到反应部分。

（2）反应工序

含水 30%～35%wt（湿重）的磷矿浆送到反应槽第一室，在进入反应槽前磷矿浆经流量计和密度计计量，以维持磷矿浆加料量的恒定。98%wt 浓硫酸送到反应槽第二室、第三室和消化槽第二室。磷矿浆、硫酸和磷酸在反应槽中进行化学反应，生成二水硫酸钙（$CaSO_4 \cdot 2H_2O$）结晶和磷酸。反应槽由相同的 6 个室组成，每个室均带有两层桨叶搅拌器。硫酸与磷矿浆按一定比例设定流量，硫酸经计量后在混合三通中与来自过滤工序的返回酸进行预混合后加入反应槽第二室、第三室。返回酸的流量和浓度取决于反应槽中固体含量和液相 P_2O_5 浓度，以使反应料浆含固量控制在 33%～35%wt，产品酸浓度控制在 20%～22%P_2O_5。

由于硫酸稀释和放热反应产生的热量使反应料浆温度升高，为使反应温度维持稳定，以保证得到二水硫酸钙结晶，反应料浆必须冷却。反应料浆的冷却是在闪蒸冷却系统中完成的。反应料浆由位于反应槽第六室的闪蒸冷却器给料泵进行循环，冷却料浆从闪蒸冷却器借重力返回反应槽第一室。从闪蒸冷却器中排出的气体，首先在预冷凝器中用来自石膏渣场的池水冷凝部分蒸汽，并使池水加热，作为过滤机滤饼洗水。其次气体进入冷凝器，用来自循环水系统的循环冷却水做进一步冷凝，冷却回水进入冷凝器密封槽，离开冷凝器的气体，经冷凝器除雾器进行分离，不凝气体由低位闪冷真空泵抽出，使真空冷却系统维持在负压下操作。真空度由自动调节系统控制，真空泵抽出气体经分离器分离液体后排入大气。反应槽第六室的反应料浆部分溢流到带搅拌器的消化槽，该槽由 3 个完全相同的室串联构成，以延长停留时间，使反应料浆熟化，熟化的反应料浆从消化槽第三室经过滤机给料泵送往过滤机。硫酸可通过硫酸加料管加入消化槽第二室，以便对反应槽和消化槽的硫酸根浓度进行独立控制。

（3）过滤工序

反应料浆经过滤机料浆给料泵送至转台式过滤机进行过滤，滤饼用来自反应工序的热池水进行三段逆流洗涤，以回收滤饼中夹带的磷酸。洗涤后的石膏滤饼排入石膏料斗，滤布用来自尾气洗涤工序的洗涤水进行冲洗，然后由真空泵吸干。石膏经来自石膏渣场的池水调浆后，由石膏料浆输送泵送至石膏渣场，按要求，15%的磷石膏进行综合利用。

过滤酸由过滤酸泵送往酸贮存工序的稀酸澄清槽，多余的过滤酸和经逆流洗涤得到的一洗液由返酸泵返回反应工序的反应槽，二洗液由一洗泵送去作为第一次滤饼洗涤用水，三洗液由二洗泵送去作为第二次滤饼洗涤用水。经滤液分离器分离得到的气体，在过滤机冷凝器中用循环冷却水进行洗涤，并使水汽冷凝，不凝气体由过滤机真空泵抽出，使过滤系统维持在负压下操作。真空度由泄入空气量来控制，真空泵抽出气体经分离器分离液体后排入大气。过滤机上装有抽风罩，可将气体引到尾气洗涤器。风罩覆盖区域包括加料过滤区和一段洗涤区，以维持良好的操作环境。磷石膏用汽车送至该企业大湾渣场填埋。

（4）尾气洗涤工序

来自反应槽、消化槽的尾气，首先进入一个高效文丘里洗涤器，经过洗涤除氟后再进入第一洗涤塔，在洗涤塔中被循环洗涤液进行洗涤；从第一洗涤塔出来的气体由反应尾气风机抽出，和来自过滤机的尾气一起送入第二洗涤塔，在第二洗涤塔内经过两级洗涤后，尾气含氟量符合环保标准，由洗涤塔顶部的排气管排入大气。

（5）酸贮存工序

来自过滤工序的稀磷酸经过滤酸泵送至稀磷酸澄清槽。在贮存期间沉降下来的淤浆，由稀磷酸澄清槽转耙收集到澄清槽底部中心的锥形排渣口，然后通过淤酸泵将其送回反应工序反应槽。澄清槽上部澄清的稀磷酸送至磷铵装置。

1.4.2　磷酸一铵生产工序

（1）肥料级磷酸一铵

磷酸工段来的 20%～22% P_2O_5 的磷酸，泵送至强制循环反应器内与气氨中和，中和料浆由循环泵出口的过料管直接进入Ⅱ效料浆循环泵的进口，与Ⅱ效的循环料浆一起进行蒸发浓缩，中和反应所产生的二次蒸汽与Ⅰ效浓缩蒸发所产生的二次蒸汽一并进入Ⅱ效加热器，同时Ⅱ效料浆通过泵出口的过料管不断补充到Ⅰ效蒸发浓缩系统，Ⅱ效闪蒸产生的尾气由混合冷凝器的冷凝水吸收，Ⅱ效加热器排出的水汽混合物进入空气加热器加热空气；混合冷凝器排出的热水进入空气预热器预热空气。

Ⅰ效浓缩蒸发由新蒸汽进行加热并循环闪蒸，Ⅰ效闪蒸所产生的蒸汽送入Ⅱ效加热器，料浆在Ⅰ效循环浓缩达到规定的指标后由过料管送入高压泵，由高压泵喷入干燥塔，与塔底鼓入的热空气进行传热传质，生产出合格的粉状磷酸一铵产品，尾气由沉降室沉降、旋风除尘器收集后达标排放。肥料级磷酸一铵生产工艺流程如图 1-1 所示。磷铵装置发生如下反应：

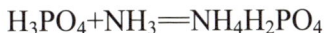

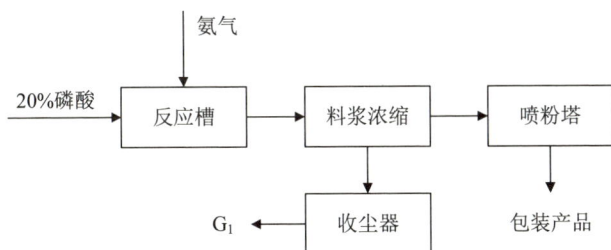

$$H_3PO_4+NH_3=NH_4H_2PO_4$$

图 1-1　肥料级磷酸一铵生产工艺流程

该工艺在正常生产情况下无废水排放。

（2）工业级磷酸一铵

磷酸一铵生产工艺主要有磷酸脱硫、中和、过滤、浓缩、冷却、结晶、离心分离、烘干及除尘。工艺简述如下：

①由于普通磷酸中含有少量的 SO_3，在工业磷铵生产中必须将其除去，因此在磷酸中加入适量的磷矿浆进行脱硫；磷酸由现有磷酸灌区布设管道输送至脱硫净化槽，同时现有磷铵生产线的矿浆制备车间将含水 30%的高品位磷矿石矿浆通过管道输送至脱硫净化槽，输送量为 1.0 m^3/h。

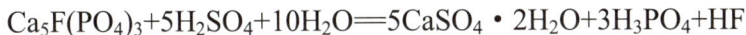

$$Ca_5F(PO_4)_3+5H_2SO_4+10H_2O=5CaSO_4 \cdot 2H_2O+3H_3PO_4+HF$$

脱硫后的磷酸经沉清池沉清，沉降的底渣返回原磷酸生产系统，沉清后的清净磷酸与氨进行中和反应得到中和料浆：

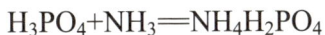

$$H_3PO_4+NH_3=NH_4H_2PO_4$$

将氨制成气体通入磷酸液相之中进行中和。氨气有少许过量，确保

17

液相为弱碱性。

②中和料浆经压滤机二次过滤，滤饼经过调浆后用于生产普通磷铵，滤液即清磷铵溶液进入浓缩工序进行闪蒸浓缩，浓缩后的磷溶液再进行真空闪蒸冷却、进入结晶器结晶；结晶物经过离心分离、液相即母液用于肥料磷铵生产，固相物经烘干冷却即得到成品工业磷酸一铵。

③浓缩系统采取Ⅱ效闪蒸浓缩，Ⅰ效采用一次蒸汽加热，Ⅱ效采用二次蒸汽加热。水在一定压力下加热到一定温度，然后注入下级压力较低的容器中，突然扩容使部分水汽化为蒸汽的过程。多个这样的过程组成的系统称为多级闪蒸。通过减压阀使高温溶液外部气体环境压力突然减小，闪蒸罐提供了液体沸腾后的气液分离器空间。闪蒸的过程中会有部分过量氨水蒸发进入气相，经过闪冷工序又冷凝进入液相。此时的液相氨浓度较低，并且有少量未来得及冷却的氨以无组织排放形式排入大气。

④冷却结晶的结晶料浆送入离心机，进行过滤分离，过滤母液返回再浆设备，与氨中和料浆过滤工段的滤饼一并返回至肥料级磷铵生产线。

⑤产品烘干在干燥塔内进行，充分利用硫酸生产线的余热锅炉所产蒸汽作为热源，烘干时产生少量产品粉尘，这部分粉尘应尽量回收，采用旋风及布袋除尘后排入大气。

整个工艺产生的废水有以下几部分：

①磷酸净化工段文丘里吸收塔洗涤的含氟吸收液。

②磷铵浓缩系统混合冷凝器排放的含有毒有害物质的冷凝水，该部分水中主要含有 F 和 NH_3-N。

③球磨机、空压机等产生的机泵冷却水。

上述第①种废水直接送去冲洗滤盘，再逆流冲洗磷石膏滤饼，一洗液作第二次的洗涤水，二洗液又流回萃取反应槽闭路循环。第②、第③

种废水进入污水池,加入石灰处理后循环使用。磷铵工艺无产生废水排放,工艺用水及设备冷却水均循环使用。在循环用水过程中,磷石膏会带走部分水,该部分水中含有大量的 F 和 NH_3-N。

1.4.3　磷酸二铵生产工序

由液氨、磷酸混合进入反应槽进行中和反应,再经造粒,干燥、筛分、破碎、冷却等工艺,最后到成品包装(图 1-2)。

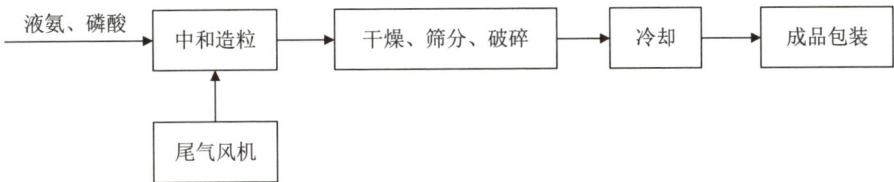

图 1-2　磷酸二铵工艺流程

反应公式为

$$NH_3+H_3PO_4＝NH_4H_2PO_4+Q$$

$$NH_3+NH_4H_2PO_4＝(NH_4)_2HPO_4+Q$$

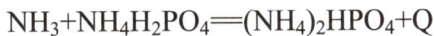

反应生成的料浆与经破碎后的固体原料一起在造粒机中造粒,从造粒机中出来的粒料直接进入干燥机热风干燥,将干燥机出来的产品送至振动筛,通过筛分的合格颗粒成品送至流化床冷却器,冷却后产品经皮带计量、包裹筒,然后经斗式提升机和带式输送机送至包装车间或散装库。

与磷酸一铵水循环类似,磷酸二铵的磷铵装置无产生废水排放,工艺用水及设备冷却水均可循环使用。在循环用水过程中,磷石膏会带走部分水,该部分水中含有大量的 F 和 NH_3-N。

2

顶层设计

2.1 国家污染防治的支持和政策

与发达国家和地区相比，我国土壤污染防治工作起步较晚。20 世纪 80—90 年代，我国科学家开始关注矿区土壤、污灌区土壤和六六六、滴滴涕农药大量使用而造成的耕地污染等问题。"六五"和"七五"期间，国家科技攻关项目支持开展农业土壤背景值、全国土壤环境背景值和土壤环境容量等研究，积累了我国土壤环境背景的数据，在此基础上于 1995 年发布了我国第一个土壤环境标准，即《土壤环境质量标准》（GB 15618—1995）。

2004 年，北京市宋家庄地铁站修建时由于施工人员防护不到位，土壤污染物使几名施工人员中毒身亡，自此土壤污染防治开始引起国家环境保护部门的重视，我国土壤环境管理开始起步。

2004 年，国家环境保护总局出台了企业搬迁改造遗留场地环境管理要求，拉开了我国污染场地环境管理的序幕。2008 年制定了《加强土壤污染防治工作意见》，2009 年制定了《污染场地土壤环境管理暂行办法》

(征求意见稿)、《工业污染场地环境评估与修复管理办法》(征求意见稿),在土壤污染防治制度建设上进行了尝试和探索。2009年征求意见的土壤环境管理办法虽然公示并开展了意见征询工作,但由于认识不统一、时机不成熟等并未正式发布。在这期间,为配合上海世界博览会召开的土地环境修复需要,上海市制定了《展览会用地土壤环境质量评价标准(暂行)》(HJ 350—2007),该标准从建立不同等级的土壤环境管理质量来说,同时在非常缺乏土壤环境质量标准的阶段,该标准的出台具有重要意义,在后续相当长的一段时间里,很多地方都引用该标准进行土壤环境质量的评价。

2012年后全国各地场地土壤污染问题不断显现,污染场地环境、人体健康影响与危害不断引发社会关注,国际污染场地环境管理理念、经验教训和发展趋势不断促进我国加深对污染场地环境管理的认识,制度建设明显加快。该时期国家层面上的制度建设明显加快,带动部分省份开展了土壤环境管理实践。

2012年,环境保护部发布了《关于保障工业企业场地再开发利用环境安全的通知》(环发〔2012〕140号),表明国家已经充分认识到工业企业场地再开发利用过程中的环境与风险问题。该通知提出了加强多部门协作要求,以及再开发利用过程中环境管理主要程序,是部分场地环境管理起步较早的省(区、市)(如重庆、北京、江苏等)开展地方实践的重要依据。

2013年,《国务院办公厅关于印发近期土壤环境保护和综合治理工作安排的通知》(国办发〔2013〕7号)在很大程度上发挥了"十二五"全国土壤环境保护和污染防治总体规划的作用。江苏、浙江等省纷纷依据该通知的要求,制订了本省综合整治行动方案,明确了土壤污染防治的主要原则、思路和重点任务。

2014 年，环境保护部发布了《关于加强工业企业关停、搬迁及原址场地再开发利用过程中污染防治工作的通知》（环发〔2014〕66 号），与《关于保障工业企业场地再开发利用环境安全的通知》相比，该通知在认识程度、程序建设等方面都有了明显加强。同年，环境保护部发布了《场地环境调查技术导则》（HJ 25.1—2014）、《场地环境监测技术导则》（HJ 25.2—2014）、《污染场地风险评估技术导则》（HJ 25.3—2014）、《污染场地土壤修复技术导则》（HJ 25.4—2014）4 个场地修复技术导则，大大加强和规范了污染场地环境管理关键环节的技术方法。在国家的带动下，北京、重庆、浙江、江苏等省（区、市）污染场地省级环境制度和技术规范标准的制定加快推进。

进入"十三五"时期后，国务院发布实施《国务院关于印发土壤污染防治行动计划的通知》（国发〔2016〕31 号，以下简称"土十条"），是党中央、国务院推进生态文明建设、坚决向污染宣战、系统开展污染治理的重大战略部署。我国土壤污染防治全面推动，土壤污染防治管理体系建设明显加快，制度体系将更加成熟和定型，在国家土壤污染防治专项资金的支持下，污染土壤修复和管控工程明显增多，制度执行效果将不断显现，形成以保障"污染地块安全利用率"为核心的土壤污染防治局面。"土十条"提出坚持预防为主、保护优先、风险管控的总体思路，突出重点区域、行业和污染物，实施分类别、分用途、分阶段治理，严控新增污染，逐步减少存量，注重深化改革和创新驱动，有力、有序推进各项举措，为当前和今后我国土壤污染防治勾勒出一幅清晰的路线图。

2019 年 1 月 1 日，我国正式实施《中华人民共和国土壤污染防治法》（以下简称《土壤污染防治法》），该法规的出台标志着我国土壤污染防治步入了法治轨道，确定了我国土壤污染防治应坚持的基本原则，并重点对农用地和建设用地土壤污染防治管理制度体系进行了规定。

"十三五"时期，中央财政设立了土壤污染防治专项资金，对 31 个省（区、市）支持了约 280 亿元专项资金，带动了地方财政和社会投资，实施了包括 200 余个国家土壤污染修复与管控示范项目在内的一大批修复工程项目，我国土壤污染预防、保护、修复与管控得到了全面推进。

2.2　汉江流域钟祥段总体规划

2.2.1　规划背景

自 2007 年以来，钟祥市工业尤其是磷化工业取得了飞速的发展，但是因产业布局和产业结构不合理、发展模式粗放及监督管理不到位等，重金属污染较为严重，成为影响人体健康和社会和谐稳定的突出问题，引起了有关部门的高度重视和关注。"十二五"期间，《重金属污染综合防治"十二五"规划》将钟祥市胡集镇等在内的区域划定为砷（类金属）污染重点防控区域，在地方政府的组织实施下，大力开展磷化工行业综合整治，淘汰关闭了一批落后生产工艺和小规模生产企业，积极推进保留企业的达标排放整治和资源循环回收利用。

2015 年，在财政部、环境保护部组织的重金属重点防控区域竞争性评审中，钟祥市脱颖而出，成为财政部、环境保护部定向支持的 38 个防控区域之一，并成功获得中央重金属污染防治专项资金 8 000 万元的支持，重点围绕南泉河流域继续开展重金属综合整治。为进一步深入整治汉江流域（钟祥段）南泉河、浰河流域砷污染问题，保障中下游沿岸农田灌溉用水和两流域入河口下游乡镇及其村组集中式饮用水安全，确保南泉河流域和浰河流域汇入汉江的水质安全，《"十三五"生态环境保护规划》中，确定汉江流域钟祥段为全国重金属污染综合防治示范流域，深入开展以流域重金属水质稳定达标、有效的风险管控和土壤环境质量逐步改善为核心的流域综合整治，积极探讨和总结流域重金属污染综合防治经验。

为贯彻落实《国务院关于印发"十三五"生态环境保护规划的通知》（国发〔2016〕65号）、《湖北省环境保护"十三五"规划》、《荆门市国民经济和社会发展第"十三个"五年规划纲要》、《荆门市"十三五"生态环保规划》，确保"十三五"汉江流域（钟祥段）重金属污染综合防治取得预期成效，建成重金属污染综合防治示范流域，钟祥市人民政府制定了《"十三五"汉江流域（钟祥段）重金属污染综合防治示范规划》（以下简称《规划》）。

《规划》以环境质量达标与改善为总体目标，重点落实污染物减排与环境监管、风险防控水平提升、河道治理和土壤修复等综合整治措施。深入推进解决历史遗留、行业综合整治等突出问题，促进全面稳定达标排放，遏制突发性和累积性污染事故的发生，实现部分地区重金属环境质量明显改善；促进"详查联动""风险联防"查明并防范重点区域（流域）土壤和水体砷环境风险危害，明确开展整治工程目的，落实地方政府责任和企业主体责任。建立示范区域长效性重金属污染防治体系，逐步解决人民群众关心的突出环境风险隐患问题，切实维护钟祥市环境安全。力争在"十三五"期间，流域内点源得到全面治理和控制，面源污染治理得到有效控制，流域环境质量得到大幅提高；建立起比较完善的、具有国家示范作用的重金属污染防治监管体系、制度体系、政策体系和技术体系，重点防控区域（流域）环境质量有所好转。

2.2.2 "十二五"污染防治进展与成效

"十二五"期间，钟祥市认真贯彻落实国家和省重金属污染防治规划和方案，按照"防治结合、分区整治、突出重点、综合治理"思路，以南泉河、涑河流域范围的胡集镇经济开发区、双河镇和磷矿镇为重点区域，以湖北鄂中化工有限公司（以下简称鄂中化工）、湖北世龙化工有限公司（以下简称世龙化工）、荆门市荆钟化工有限责任公司（以下简称荆钟化工）、湖北京襄化工有限公司（以下简称京襄化工）等一批对区域重金属质量影响较大的企业为重点对象，以砷污染物为重点，兼顾铅和铬，抓退出、调存量、优结构、严监管，大力推进重金属污染治理，并取得了较好的阶段性成效。

一是大力推进污染企业源头防控，按期完成污染物排放控制目标要求。2012—2015 年，南泉河、涑河流域内 39 家利用硫铁渣磁选的非法小选铁厂全部实现关闭取缔。自 2013 年开始，在中央重金属污染防治专项资金的大力支持下，全市化工企业全面开展重金属污染专项整治行动。按照"三防一堵"要求，大力推进磷化工企业原料库、尾渣库、磷石膏堆场、废水循环池、应急池、厂区雨污分流以及含砷废水处理站建设的规范整治，对辖区内 9 家硫铁矿制酸企业实施限期治理。限期整改 18 家、停产整改 17 家、停产（停业）8 家。对未完成整改任务且达不到整治要求的 26 家化工企业予以立案查处，对 6 家产能达 50 万 t 普钙和 2 家产能达 9 万 t 的钙镁磷肥企业采取了断电、断水措施。鄂中化工、世龙化工、荆钟化工等重点防控企业全面完成"十二五"期间重金属污染整治工程项目，达标排放率为 100%。京襄化工、世龙化工等涉重企业基本实现了废水"零排放"。经考核认定，2015 年钟祥市净削减量铬 41.93 kg、削减率为 75%，净削减量砷 1 377.85 kg、削

减率为 70%，2014 年重金属污染物铬排放量为 14.35 kg、类金属砷排放量为 578.78 kg。

二是面源污染得到阶段性控制，流域水质逐步实现功能要求。胡集、双河、磷矿地区磷石膏随意堆放、倾倒行为没有重现，磷石膏产生企业已规范建设堆场，京襄化工、世龙化工等企业已自建磷石膏综合利用项目。涉重企业基本实现了废水"零排放"，水库、湖泊、沟渠受废水污染的状况得到基本遏制。2015 年在中央重金属污染防治专项资金的支持下，启动了南泉河流域河道综合整治工程。"十二五"期间未发生涉重金属污染突发事件。区域重金属环境监测能力得到明显提升，对淢河、南泉河入汉江口断面得以实现加密监测，及时掌握砷污染物排放和重金属环境质量变化趋势。2014 年，淢河水体 5 项主要重金属（铅、汞、铬、镉、类金属砷）污染物指标实现连续 12 个月达到地表水Ⅲ类水质标准，水库、湖泊、沟渠受废水污染的状况得到基本遏制，汉江流域钟祥段水质总体逐年趋好，为"十三五"时期持续深入推进汉江流域钟祥段重金属污染综合防治奠定了坚实基础。

三是建立重金属污染防治统筹协调机制，为重金属污染防治提供组织保证。钟祥市人民政府设立重金属污染综合防治项目工程建设指挥部，分管市长亲自挂帅，各直属部门和乡镇为成员，立足本职，加强部门协调，整体联动，紧密配合，全面推动重金属污染综合治理。生态环境主管部门严把环境影响评价审批关，加强环境影响评价、验收、总量、监测、执法、应急、科技、宣教等环节的管理和协调力度，建立重金属污染全过程防控制度体系。原环境监察大队更名为环境监察局，在原设有胡集分局的基础上新设江北分局和开发区分局，淢河、南泉河水体质量考评纳入胡集分局、江北分局监管绩效。成立第三方环保投融资平台，多方筹措资金。严格落实工程项目建设过程中的各项制度要求，严格执行政府采购有关规定和资金监管要求，确保重金属污染防治各项工程项目发挥环保效益。

2.2.3 "十三五"主要问题分析

"十三五"期间，国家和湖北省对钟祥市重金属防控提出了新任务、新要求，同时随着"土十条"的出台，土壤污染防治得到了各级政府的重视，钟祥市土壤污染形成的面源污染是"十三五"时期造成流域重金属水质不能稳定达标的重要原因。当前阶段主要问题表现在：

一是重金属污染历史遗留问题突出，水体中砷（类金属）的累积性污染特点突出。"十二五"期间整治前，上游磷化工企业因环保设施不健全，外排工业废水和生活污水均汇入地表河流中；流域沿线及周边 39 家非法小磁选厂利用硫铁渣进行磁选铁，大量磁选废水未经处理直排河道。区域内含砷废渣不规范堆放，防渗、防扬尘、防扩散等环保措施仍不健全，磷石膏渣场和硫铁渣堆场的淋溶废水及其渗滤液等环境隐患对丽阳水沟及其下游汉江水质的威胁较大，砷污染物以废渣、废水和烟尘的形式排入周围环境而后进入水体，对南泉河和淅河水质，尤其对入汉江口断面水质中砷、锰达标形成威胁。南泉河和淅河流域上游水源主要为部分矿井水、雨季山水和水库水，河道底泥受季节性枯水期影响，水量减少直接加剧了砷和锰的超标，经过污染物的长期累积导致河流底泥污染严重。

二是重金属工业污染和突发风险隐患问题依然存在。以硫铁矿为原料制取硫酸是应用了上百年的成熟技术，大多采用接触法工艺，即以含硫原料制取二氧化硫气体，二氧化硫气体在催化剂的催化作用下氧化成三氧化硫，再将三氧化硫吸收而生成硫酸。在硫酸生产中，由于砷会使钒触媒中毒，且排出的含砷废酸又会污染环境。这些砷最终多以废渣、

废水和烟尘的形式排入周围环境，锰一般与铁伴生，制取硫酸过程中产生的硫酸锰极易溶于水，从而随生产废水排入外环境。京襄化工、钟祥市楚钟磷化有限公司、湖北瑞丰磷化有限公司、世龙化工、荆门市洋丰中磷肥业有限公司5家磷化工企业为磷肥及复合肥生产配套兴建了硫铁矿制酸生产项目，总生产能力达97万t/a，年消耗硫铁矿石约78万t，硫铁矿含砷约0.02%，砷总量约150 t。由于硫精砂锻烧烟尘两转两吸工艺中砷化物洗涤冷却后绝大部分停留在炉渣中，部分以氧化物的形式进入炉气中。在净化和吸收阶段，部分被水淋溶到水中形成含砷废水，部分进入稀酸中，还有一部分进入成品硫酸中。而产生的硫铁渣的涉砷锰企业未规范建设磷石膏渣场、无收集雨淋水收集池、无防尘措施，造成含砷废水、粉尘和渣场渗滤液等砷化物在缺少科学合理的防渗、防扬尘、防扩散等基本环保措施的情况下，最终多以废渣、废水和烟尘的形式排入周围环境而后进入水体，造成了河水水质和底泥的污染。

三是一些地区土壤环境污染较为突出。钟祥市涉砷企业分别位于胡集镇丽阳水沟及汉江支流南泉河、浰河流域沿线，如钟祥市国荣磷化有限公司及其周边土壤、京襄化工周边土壤、湖北华毅化工有限公司（以下简称华毅化工）周边土壤及安岭渡码头等。磷石膏渣场和硫铁渣堆场的淋溶废水及其渗滤液等环境隐患对周边土壤及其下游汉江水质的威胁较大。砷污染风险管控手段十分匮乏。对于地表水中砷污染超标的主要来源及贡献、砷污染的迁移释放规律、砷污染对农田土壤、农产品质量安全、饮用水水源地水质保障、区域人群健康的危害缺乏清晰的认识，缺少重金属污染的环境风险防控和预警的主要措施。

28

2.2.4 指导思想和目标

2.2.4.1 指导思想与主要思路

"十三五"前期，钟祥市以改善环境质量为核心，立足于防控环境风险和改善部分区域环境质量，定位国家提出的"提升"类防控区域类型，与"十二五"时期工作保持充分衔接并不断深化，在深化治污、解决突出的历史遗留环境风险、改善部分土壤环境质量等方面进一步突破，推进"水土共治"策略。切实落实地方政府责任和企业主体责任，继续调整优化产业结构和空间布局，全面实现稳定达标排放，涉重园区综合整治再上台阶；加快重点地区突出问题的整治，加快解决人民群众关心的突出重金属环境问题；遏制突发性和累积性污染事故的发生；实现部分地区流域重金属环境质量改善；建立流域示范性重金属污染防治长效管理体系，切实维护钟祥市环境安全。

2.2.4.2 防控重点

汉江流域（钟祥段）重金属污染综合防控流域范围面积为 857 km²。

重点防控区域：以南泉河、浰河以及其流经的胡集镇（胡集镇经济开发区）、双河镇和磷矿镇为主。

重点防控污染物：以砷为主要类金属污染物，其次为铅、铬，兼顾镍、铜、锌、银、钒、锰、钴、铊、锑等重金属污染物。

重点防控行业：以重点区域及其周边的磷化工企业为主。

2.2.4.3 目标指标

截至 2020 年，重点监管企业实现全面稳定达标排放，流域考核断

面砷污染物稳定达标，建立比较完善的、具有推广复制性的重金属污染防治监管体系、政策体系和技术体系，重点区域土壤环境风险得到有效管控，建成国家流域重金属综合整治示范流域（表 2-1）。

表 2-1 "十三五"示范流域重金属防控指标

序号	指标类别	指标名称	指标要求	指标性质
1	行业综合	类金属砷削减量	完成湖北省下达指标	约束性
2		重金属铅、铬削减量	污染物新增量实现零增长	预期性
3	整治	主要涉重企业重金属稳定达标排放率	100%	约束性
4		重点涉重企业清洁生产水平	国内先进水平	预期性
5	土壤环境风险	土壤污染状况详细调查	按时按质量要求完成	约束性
6		耕地和建设用地安全利用率	完成湖北省下达指标	约束性
7	水环境质量	城镇集中式地表饮用水水源重点重金属污染物达标率	100%	约束性
8		地表水国控断面砷污染物达标率	稳定达到 100%	约束性
9		相关支流断面砷重金属含量	逐年改善	约束性

2.2.5 主要任务

2.2.5.1 深入实施涉重企业环境综合整治和稳定达标

深入开展涉重企业环境综合整治专项行动。2017 年年底前制定专项整治技术标准和验收标准，严格控制购进硫铁砂原料含砷率，做到"两高一低"（高硫、高铁、低砷）。将安全防护距离、清洁生产技术和等级水平、有毒有害物质淘汰限制要求、重金属污染物产生控制、无组织排放控制、污染物升级改造处理、系统自动控制、危险废物安全处置、污染排放监测和周边环境质量监测（环境影响评价和环境影响后评价有明确要求的）、固体废物规范化堆放场所建设、危险废物规范化管理等方面全面纳入。从 2018 年开始，全面组织企业开展综合整治行为，依法开展强制性清洁生产审核，通过加大清洁生产技术改造力度，到 2020 年，重点监管企业清洁生产水平达到国内先进水平。确保含砷稀酸和冲渣废水得到有效处理并不外排，落实原料、硫铁渣、磷石膏等物料库房堆场规范化整治，严格检测硫酸、磷酸一铵、磷石膏、硫铁渣含砷量，全面实现稳定达标排放，并执行汉江水污染物排放标准。2017 年年底前，督促重点监管企业规范排污口设置，落实"阳光排污口"工程，编制年度排污报告；督促企业及时安装污染物排放自动监控设施，并与生态环境主管部门联网，实时监控污染物排放情况。完善企业环境风险应急预案，落实应急物资储备。依法查处超标排放行为，从严处罚违法排污行为。企业整治一个，验收一个，2019 年 3 月前全面完成整治验收工作。根据国家和湖北省排污许可管理要求，有序推进并在 2020 年完成推进钟祥市重点监管企业排污许可核发工作，按照排污许可要求严格控制污染物排放总量。相关各级政府对不符合产业政策、地产业布局规划，污染物排放不达标，以及土地、环保、工商、质监等手续不全的"小散乱污"企业，依法依规开展专项取缔行动。

针对钟祥市胡集镇、双河镇和磷矿镇的磷化工区，实施区域差别化防控，以园区环境质量"提升"为"十三五"时期重金属污染防控目标，加强胡集镇磷化循环经济工业园、双河镇和磷矿镇的 2 个磷化工业区的环境基础设施建设和管理，加强企业工艺改造，推广和鼓励清洁生产工艺；建设淋滤废水收集沟与大废水循环沟隔离，稀酸回用池加盖防雨等防治措施；加强废弃物氧化二钒催化剂监管。继续配套开展涉重金属行业"提标升级"工作，如深度治理项目、资源化回用项目、建设污染源环境风险防控设施项目、工业园区重金属"三废"集中处理项目等重金属污染源综合治理。

2.2.5.2　有序开展土壤环境污染详查及风险评估

根据国家和湖北省土壤污染状况详细技术要求，率先开展并完成示范流域范围及钟祥市土壤污染状况详细调查，发挥试点和先导作用。根据湖北省制订的农用地和建设用地详细调查实施方案，由原钟祥市环保局牵头，会同农业局在 2017 年 7 月前完成钟祥市土壤详细调查实施方案。委托符合条件的第三方技术支持单位开展农用地土壤采样、重点区域农产品质量采样、工业企业土壤信息调查与风险划定，对高风险工业企业按照有关规范要求开展采样和实验室分析。督促在产工业企业委托符合条件的第三方机构开展企业土壤环境状况采样分析和污染评价。研究制定钟祥市农用地土壤风险评估方法。开展遗留污染地块环境风险评估，形成重金属污染地块管理清单和治理修复清单。2018 年 9 月前，完成农用地土壤污染状况调查报告，2018 年 12 月前，完成工业企业用地土壤污染状况调查技术工作，对全市范围土壤环境质量进行综合评价，对汉江流域钟祥段重点污染区域的土壤污染现状、风险、未来趋势等进行综合分析。本着"边调查，边管理"的原则，根据调查发现及时指导土壤环境管理。

2.2.5.3 加快重点区域风险管控和治理修复

按照湖北省下达的钟祥市农用地土壤安全利用和治理修复面积指标要求，结合土壤污染调查已有数据和详细调查获得数据，落实农用地安全利用和治理修复范围。分期开展农用地安全利用和治理修复工程，2016 年和 2017 年分别启动 150 亩（1 亩≈667 m^2）试点农田和 2 万亩中轻污染农田风险防控与整治工程。从工程实施需求出发，细化管控地块土壤污染详细调查和风险评估。2017 年启动砷污染土壤风险管控和治理修复效果评估技术指南的研究编制，切实指导工程技术的选择和工程实施，积累经验，推动示范项目稳步进行，制定便于操作的污染场地全过程管理文件。于 2017 年年前完成南泉河重金属污染治理示范工程效果评估和工程验收，积累重金属污染河流生态治理修复经验。启动国荣磷化及安岭渡码头等历史遗留地块治理修复工作，全面推进南泉河、浰河流域重金属污染治理示范工程建设。强化工程实施过程中环境监测要求，督促工程实施单位在施工过程中，加强工程影响区范围的环境质量监测和工程效果验证性监测，切实反映在工程整治过程中对环境安全性和环境质量改善的作用。

2.2.5.4 严格监督执法并落实企业环保责任

严格环境监督执法，对长期超标排放的企业、无治理意愿的企业、达标无望的企业依法予以关闭淘汰。严格落实达标排放认定，依法计算环境保护税额。根据湖北省土壤环境监测能力建设要求，加快提高钟祥市大气、水和土壤中重金属、有机污染物的环境监测（含快速监测）、应急监测和监测执法能力，重点加强现场采样和快速调查能力。以重点监管企业和园区为重点，对企业污染源排放［包括企业车间（或车间处理设施排放口）废气、车间（或车间处理设施排放口）废水、企业总排放口水质及无组织排放情况〕进行监督性监测和执法性监测，督促企业对企业周边影响范围内的空气、土壤、地表水进行污染影响性监测。深化钟祥市环境联合执法制度，提高执法响应时间和执法效率，切实保障合法生产经营者正当权益。督促企业履行自行监测、自证守法的基本责任，落实重金属排放在线监测设施并稳定有效运行，向生态环境部门如实申报，督促企业依法向社会公开环境信息。建立生产者损害赔偿责任制度，造成生态环境人体健康损坏的责任者必须履行损害鉴定和治理修复的法定责任。严格控制对涉重金属的"高污染、高环境风险"产品信贷，积极探索环境重金属企业环境污染责任保险。加强胡集、双河、磷矿3镇重点防控区和各级集中式饮用水水源地重金属环境质量预警监测，设置水环境预警监测设施，提高应急响应和处置能力。

2.2.5.5 科学开展重金属污染防治技术示范与成效分析

针对示范流域重金属污染特点及湖北省"十三五"规划要求，筛选能够解决示范流域当前和今后一段时期内重金属污染防治重点、难点问题的新工艺、新技术，用以指导各相关工作中污染防治新技术示范项目的申报，示范效果良好的技术可进一步推广。鼓励筛选各类技术成熟、污染防治效果可靠、运行稳定、经济合理、已被工程应用的类金属或重金属（主要针对砷、镉等）污染防治技术，因地制宜地进行植物—微生物—生化联合修复等清洁生产技术、废铅酸蓄电池资源化利用、污染源治理技术、土壤和水体污染修复技术开展示范、试点应用和成效分析。

2.2.6　保障措施

2.2.6.1　组织保障

①强化组织领导。成立重点示范区域重金属污染综合防治实施工作领导小组，全面负责钟祥市南泉河、涮河流域重金属和土壤污染综合防治的组织协调和管理，协调解决南泉河、涮河流域重金属污染综合治理重要问题。领导小组办公室设在荆门市生态环境局钟祥分局，负责制订年度计划、部门联络、监督指导、信息发布等日常工作，积极争取国家相关环保专项资金支持。充分发挥钟祥市环境保护联席会议制度的作用，提高部门沟通协调效率。

②明确任务分工。生态环境主管部门作为重金属污染综合防治工作的牵头单位，主要负责协调各项工作的组织落实，编制重金属污染综合防治工作年度实施方案、开展环境监测、实施清洁生产审核及环境监管、环境影响后评价、重金属环境应急体系建设等工作。发改部门负责重金属建设项目的审批。工信部门负责重金属产业结构调整以及重金属落后产能淘汰的具体实施工作。财政部门负责及时划拨各省重金属污染防治专项资金，保障重金属污染综合防治项目配套资金落实到位。在污染场地调查修复、修复标准制定、土地流转等问题上加强生态环境、自然资源、规划等不同部门间的协调合作。

2.2.6.2　规范项目全过程管理

①完善投融资模式。坚持政府引导、市场主导、社会参与的原则，多方筹集环境保护资金。建立权责明晰的重金属及土壤环境整治投入责任。夯实项目前期工作，抓住各种机遇，积极争取国家土壤污染防治专

项资金。发挥钟祥市三清环保投资有限公司投融资平台的作用，继续引进社会资本。积极争取世界银行、长期低息贷款等多种资金投入。

②强化项目管理。在湖北省财政资金管理办法的指导下，制定钟祥市土壤专项资金和项目管理操作细则，明确农用地和建设用地风险管控与治理修复项目全过程管理要求和资金规范管理要求。确保财政资金安全。

2.2.6.3　加强监督考核

将重金属污染防治和土壤污染防治纳入经济社会发展综合评价体系，并作为政府领导干部综合考核评价和企业负责人业绩考核的重要参考依据。在领导小组的协调和管理下，建立"周碰头、月调度、季督查"的工作机制，重点项目应每季度汇报工作进度。加强部门和机构之间的通力合作，加大对重点项目的督查监管，严格执行重金属重点项目管理办法，严格执行考核细则，建立完善的检查监管机制；将重金属治理工作目标纳入政府对各级各部门的绩效考核，钟祥市环保局（现为"荆门市生态环境局钟祥分局"）将会同有关部门对纳入实施方案的内容绩效情况进行年度考核，对未能完成规划任务、未达到规划目标的地区，对年终考核不合格的实行"一票否决"。成立考核督查组，对督查中发现的进度缓慢和执行不力的项目，采用约谈、市长交办函等形式，督促责任主体加快项目工程实施进度，确保按期完成。加强信息公开制度，充分利用电视、广播、报纸和网络等新闻媒介，建立和完善社会化的监督机制，接受有关部门和社会各界的监督检查。

3

源头管控

3.1 磷石膏产生环节

钟祥市各单位产生磷石膏的环节大致相似，其主要为磷酸一铵或磷酸二铵生产线中的磷酸生产环节。湖北科海化工科技有限公司磷石膏渣场还包含了湖北楚襄化工股份有限公司每年生产的 10 万 t 磷酸氢钙，其磷石膏产生环节也在磷酸生产环节中。

磷酸生产工艺具体如下：

（1）湿法磷酸生产原理

湿法磷酸生产是指以无机酸（主要是硫酸）分解磷矿制造磷酸。用硫酸与磷矿反应生产磷酸，生成硫酸钙结晶和磷酸溶液，再进行液固分离得到磷酸。以生成二水硫酸钙结晶为例，其主要化学反应方程式如下：

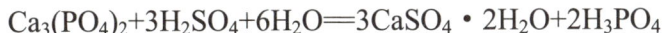

$$Ca_3(PO_4)_2 + 3H_2SO_4 + 6H_2O = 3CaSO_4 \cdot 2H_2O + 2H_3PO_4$$

以上反应实际上分两步进行：

$$Ca_3(PO_4)_2 + 4H_3PO_4 + 6H_2O = 3Ca(H_2PO_4)_2 \cdot 2H_2O$$

$$3Ca(H_2PO_4)_2 \cdot 2H_2O + 3H_2SO_4 = 3CaSO_4 \cdot 2H_2O + 6H_3PO_4$$

由于磷矿中还含有其他杂质，与硫酸反应时还有副反应发生：

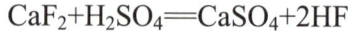

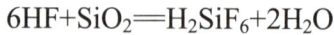

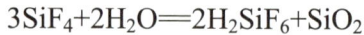

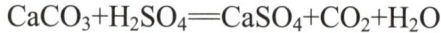

$$CaF_2+H_2SO_4\!=\!CaSO_4+2HF$$

$$6HF+SiO_2\!=\!H_2SiF_6+2H_2O$$

$$3SiF_4+2H_2O\!=\!2H_2SiF_6+SiO_2$$

$$CaCO_3+H_2SO_4\!=\!CaSO_4+CO_2+H_2O$$

$$H_2SiF_6（+热量+H_2SO_4）\!=\!SiF_4+2HF$$

$$Fe_2O_3（或\ Al_2O_3）+2H_3PO_4\!=\!2FePO_4（或\ AlPO_4）+3H_2O$$

$$Na_2O（或\ K_2O）+H_2SiF_6\!=\!Na_2SiF_6（或\ K_2SiF_6）+H_2O$$

由于副反应的发生，使湿法磷酸产品中存在杂质，并在其生产过程中产生废气和结垢。磷酸装置生产操作的目的是围绕取得质量好的硫酸钙结晶（石膏）而进行的。在不同反应温度和磷酸浓度下，产生硫酸钙、半水硫酸钙（$CaSO_4·1/2H_2O$）和无水硫酸钙（$CaSO_4$）。因而，湿法磷酸的生产工艺由此而区分为二水法（DH）、半水法（HH）、无水法（AH）、半水-二水法（HDH）和二水-半水法（DHH）等。

（2）磷酸生产工艺

湿法磷酸装置中，二水法应用最广，半水法、半水-二水法、二水-半水法只建设了少数装置，无水法建设过一个装置但未能成功生产。除无水法以外，磷酸工艺技术二水法、半水法和半水-二水法在技术上都是成熟的，但从已建成的装置运行稳定性、可靠程度来看，二水法工艺最为优越，作业率最高。在投资方面，由于二水法工艺操作条件不及半水法及半水-二水法苛刻，设备材料较易解决，制造较易，因此投资适中，在半水法和半水-二水法之间。从装操作弹性来看，由于二水物的结晶范围较大，二水物结晶又是硫酸钙结晶中最稳定的形态，因而操作条件的波动对装置运行影响小，对原料磷矿矿种的适应性强，且配套建设的硫酸装置有副产蒸汽可供磷酸浓缩之用。基于这些考虑，世界上众多磷酸工厂均选用二水法工艺。为使磷酸装置建成后尽快达产、达标，给工厂带来效益，钟祥市大部分磷酸装置采用二水法工艺，其在生产过程中产生的磷石膏主要成分为二水石膏（$CaSO_4 \cdot 2H_2O$）。

目前，部分化工厂磷酸生产配套兴建了硫铁矿制酸生产项目，而天然的硫铁矿砷含量约为 0.02%，且天然的磷矿石中砷含量也很高。由于硫精砂煅烧烟尘二转二吸工艺中砷化物洗涤冷却后绝大部分停留在炉渣中，部分以氧化物的形式进入炉气中。在净化和吸收阶段，砷化物部分被水淋溶到水中形成含砷废水，部分进入稀酸中，还有一部分进入成品硫酸中，在磷酸生产过程中使用的硫酸被带入部分砷，使得砷化物部分转移至磷石膏中。

3.2 磷石膏特性

（1）磷石膏的主要力学特性

磷石膏物理力学特性如表 3-1 所示。

表 3-1 磷石膏物理力学特性

指标			数值	指标		数值
容重/(t/m³)	干	一般	1.05～1.30	黏结力/MPa		0～0.6
		平均	1.15	渗透系数/(cm/s)	压实状态	10^{-5}
	湿		1.50～1.70		自然沉积	10^{-4}
比重/(g/m³)			2.37	含水量/%	压实状态	25～35
摩擦角/(°)			20～40		自然沉积	40
粒径/mm		一般	0.07	固接特性	具有胶结力，溶蚀再结晶，失水板结的特性	
		最大	0.2			

39

（2）磷石膏化学成分

磷石膏的主要成分是 $CaSO_4 \cdot 2H_2O$，含水约4%，呈酸性（pH 为2～4），灰白色粉状，含一定量的 P_2O_5、Fe、Al、F、未分解磷矿和酸不溶物。根据磷石膏渣主要成分分析测试结果，其主要化学组成如表 3-2 所示。

表 3-2　磷石膏渣主要化学组成

化合物	水溶性 P_2O_5	不溶性 P_2O_5	CaO	Fe_2O_3	Al_2O_3	MgO	K_2O	SiO_2	结晶水	F	SO_3
含量/%	0.75	0.11	30.12	0.09	0.20	0.01	0.24	9.71	18.10	0.44	40.23

3.3　污染识别

结合产生磷石膏的生产工艺和磷石膏特性，磷石膏中潜在的主要污染物是总磷、总氮（氨氮）、氟化物、砷。

3.4　区域渣场磷石膏产生量

钟祥市辖区内有 12 座磷石膏渣场，对其进行调研和资料收集，磷石膏堆存信息如表 3-3 所示。

表 3-3　12 座磷石膏渣场堆存信息统计　　　　单位：万 t

编号	渣场名称	生产状况	设计库容	已填磷石膏	每年产磷石膏量
1	湖北华毅化工有限公司磷石膏渣场	在产	250 万 m³	90 万 m³	50
2	湖北世龙化工有限公司磷石膏渣场	在产	510	100	40
3	钟祥春祥化工有限公司磷石膏渣场	关停	200	160	—

编号	渣场名称	生产状况	设计库容	已填磷石膏	每年产磷石膏量
4	钟祥大生化工有限公司磷石膏渣场	在产	200	125	15
5	湖北京襄化工（明柱矿业）有限公司磷石膏渣场	在产	46 万 m^3	80	12
6	荆门市荆钟化工有限责任公司磷石膏渣场	临时性停产	405	154	25
7	湖北科海化工科技有限公司磷石膏渣场	在产	594	125	69.3
8	湖北瑞丰磷化有限责任公司磷石膏渣场	关停	144 万 m^3	60	—
9	荆门新洋丰中磷肥业有限公司磷石膏渣场	在产	3 250	870	75
10	湖北中原磷化有限责任公司磷石膏渣场	关停	480	300	—
11	湖北鄂中生态工程股份有限公司磷石膏渣场	在产	300 万 m^3	200 万 m^3	35
12	湖北大峪口化工有限责任公司磷石膏渣场	在产	2 480 万 m^3	1 900 万 m^3	150

12 座磷石膏渣场中有 3 座已经不再继续堆存，企业处于关停状态；有 1 座磷石膏渣场处于可能继续堆存状态，该企业处于临时性停产状态，停产时间已超过 6 个月；另有 8 座磷石膏渣场处于继续堆存状态。

3.5 磷石膏渣场排查

根据《指南》《湖北省长江保护修复攻坚战工作方案》和国家环境调查与监测评估相关技术规范要求，结合钟祥市涉及磷矿、磷化工企业、磷石膏渣场（尾矿库）等"三磷"分布、渣场建设与污染防治、土壤与地下水环境状况等，对 12 座磷石膏渣场开展排查，提出整治建议。参

照《一般工业固体废物贮存、处置场污染控制标准》（GB 18599—2001）
及其修改单之Ⅱ类场，基于磷石膏渣场基本情况核查，依据收集磷石膏
渣场环境影响报告书、竣工环境保护验收监测报告及其批复要求等资
料，从地下水监测井建设现状、地下水监测台账规范性、渗滤液收集回
用及处理情况、拦（排）洪设施情况、已造成地下水污染的整改处理措
施、扬尘防治措施排查、生态恢复措施检查、磷石膏综合利用情况、现
有应急防范措施等方面对 12 座磷石膏渣场进行逐一分析。

磷石膏渣场较为普遍存在的问题：①由于磷石膏渣场堆体侧向渗滤
液可能向下渗滤，部分区域磷石膏未转移至防渗膜铺设区域，且未形成
有效高差，存在渗滤液未能全部收集的风险；②渗滤液收集池内沉淀污
泥未按要求及时清理清运，渗滤液收集池内实际容积低于设计值；③淋
溶水收集处理系统运行模式应整改，以保障渗滤液收集与处理效果；
④部分磷石膏渣场出现地下水超标情况，下一步应开展详细调查工作，
结合实际防渗效果与地下水预测结果及时整改；⑤部分截洪沟实际建设规
格不符合环境影响评价、验收及其批复要求，较难满足截（排）洪标准；
⑥磷石膏渣场配置了抑尘喷淋管线和防尘网等防尘措施，现场排查时抑
尘喷淋管线未运行，部分防尘网因暴晒等原因破损，须及时更换或选用
高质量防尘网，磷石膏渣场入场车辆降尘措施不完善；⑦现场排查发现
磷石膏渣场运营期已在坝体、边坡部分开展植被恢复措施，但在个别区
域部分磷石膏堆体裸露未覆土，未能有效保持水土，植被恢复效果有待
提升；⑧现场查阅磷石膏渣场进出库台账等资料，目前磷石膏综合利用
率整体偏低，应制订磷石膏资源化利用方案并尽快投入运行；⑨应制定
（或落实）《磷石膏渣场专项突发环境事件应急预案》，定期开展应急演
练，及时核查应急物资的储备情况并定期更新应急物资，定期针对磷石
膏渣场开展隐患排查与巡检、渗滤液处理等工作，并做好相关记录；

⑩后续磷石膏渣场服务期满后，应严格落实《一般工业固体废物贮存、处置场污染控制标准》及其修改单之Ⅱ类场关闭与封场的环境保护要求等相关规定。

3.6 地下水污染影响预测结果

以湖北华毅化工有限公司地下水数值模拟为例，重点预测评估正常和非正常状况下以及风险事故下，磷石膏渣场和渗滤液收集及处理系统对地下水环境的影响。

3.6.1 场地水文地质勘察与试验

抽水试验观测井布置、施工，抽水试验观测精度、时间间隔，抽水试验稳定性、判定性等均执行《供水水文地质勘察规范》（GB 50027—2001）。水量利用安装的水表进行测量，对 $2^{\#}$ 井（监测井）抽水试验取得的参数进行了收集整理，采用了非稳定流和稳定流抽水试验（图 3-1）。

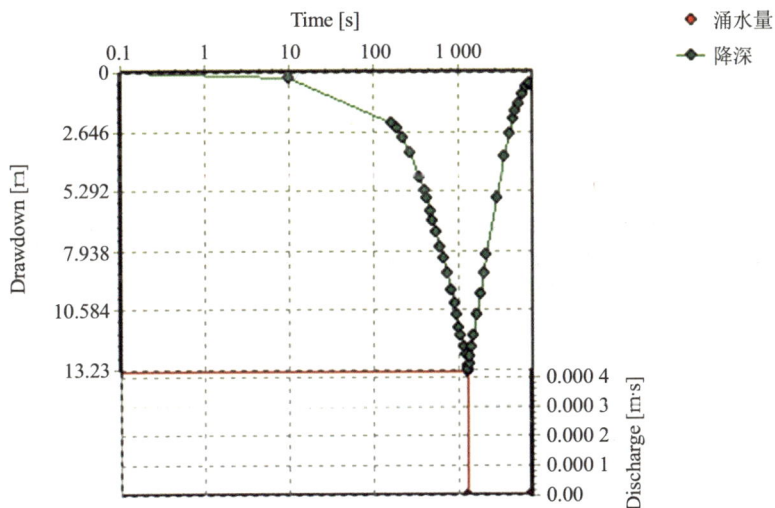

图 3-1 华毅地下水监测井 $2^{\#}$ 抽水试验成果

对野外测量的抽水试验数据进行处理后，采用 Aquifertest 软件 Theis Recovery 法进行配线的图形，得到渗透系数（K）值（图 3-2）。

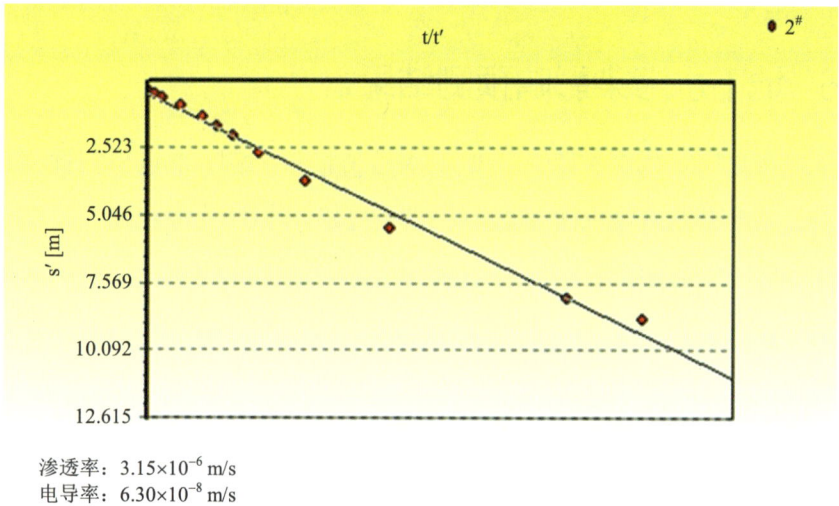

渗透率：3.15×10^{-6} m/s
电导率：6.30×10^{-8} m/s

图 3-2　华毅地下水监测井 2# 抽水试验求参成果（Theis Recovery）

根据抽水试验结果可知，评价区含水层的渗透系数为 0.005 4 m/d（表 3-4）。

表 3-4　抽水试验渗透系数计算结果

编号	井深/ m	水位埋深/ m	水位降深/ m	出水量/ (m³/h)	电导率/ (m/s)	含水层渗透系数/ (m/d)
2#（监测井）	100	42.91	13.21	1.5	6.30×10^{-8}	0.005 4

3.6.2　地下水流场

根据对周围监测井的监测，绘制了评价区地下水位等值线，根据地下水位等值线和地下水流向，获得了评价区地下水流场，根据图 3-3、图 3-4 可知，项目区地下水位梯度为 2.8‰。评价区地下水位监测井信息如表 3-5 所示。

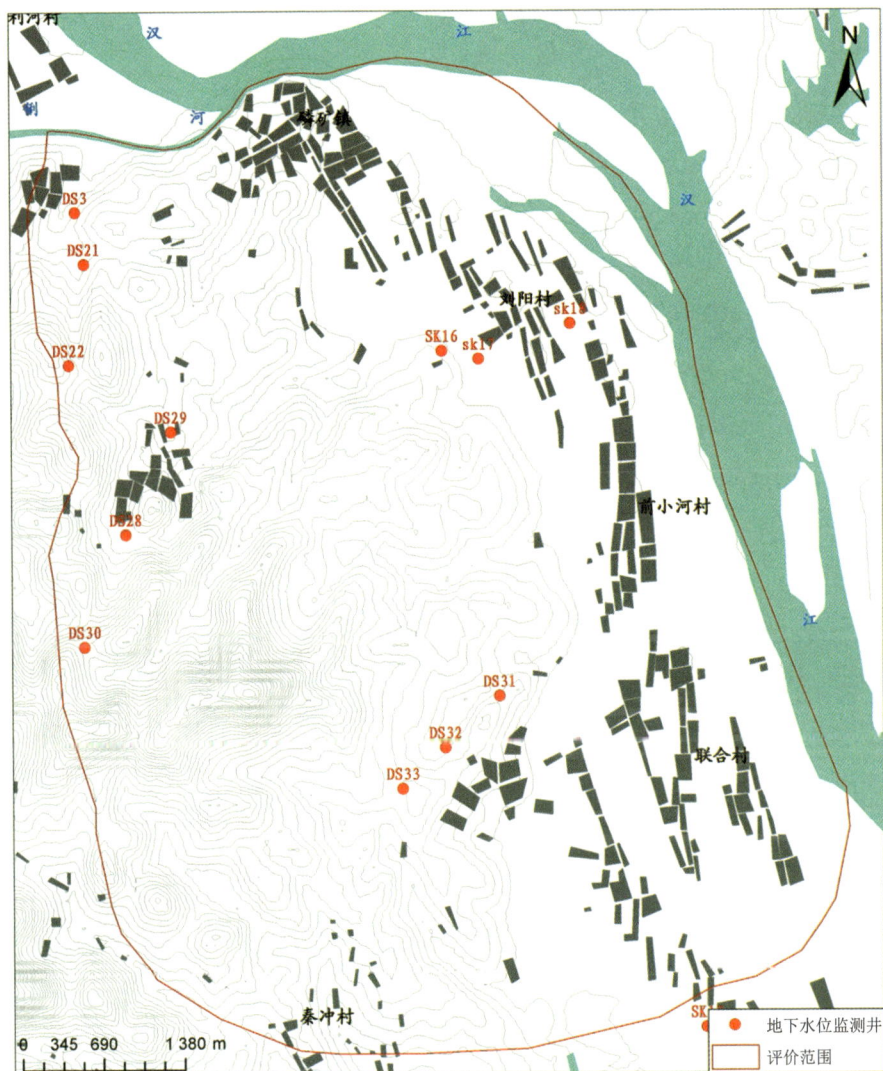

图 3-3　地下水位监测井位置

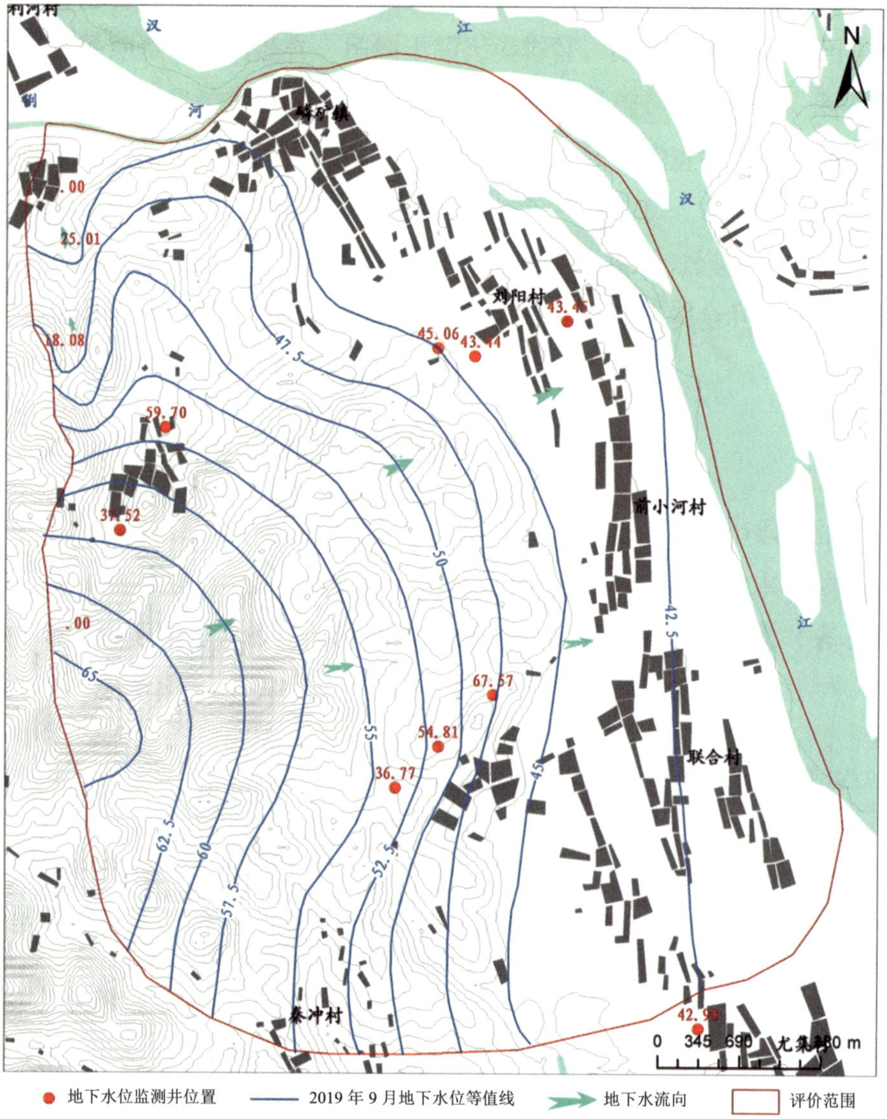

图 3-4　地下水流场

表3-5　评价区地下水位监测井信息　　单位：m

编号	位置	X	Y	井深	地面高程	水位埋深	水位标高
DS31	荆钟地下水扩散井	636 808.20	3 460 076.84	16.00	71.417	3.85	67.57
DS32	荆钟地下水监测井	636 349.25	3 459 652.32	15.00	60.000	5.19	54.81
DS33	荆钟地下水对照井	635 991.81	3 459 288.41	68.00	79.357	42.69	36.77
DS29	鄂中地下水对照井	633 292.42	3 460 493.79	127.00	82.250	22.55	59.70
DS28	鄂中地下水监测井	633 656.08	3 461 417.42	109.00	81.250	异物堵塞	—
DS30	鄂中地下水扩散井	634 019.52	3 462 260.64	85.00	137.000	71.48	65.52
DS21	华毅地下水对照井	633 175.67	3 462 813.30	100.00	68.100	43.09	25.01
DS22	华毅地下水监测井	633 284.65	3 463 627.11	150.00	107.833	91.75	18.08
DS3	华毅地下水扩散井	633 238.66	3 464 072.42	36.00	64.500	无水	—
SK16	背景资料点	636 332.74	3 462 921.31	39.45	46.860	1.80	45.06
SK17	背景资料点	636 642.09	3 462 853.45	35.43	48.150	4.71	43.44
SK18	背景资料点	637 417.37	3 463 143.20	33.39	46.460	3.01	43.45
SK19	背景资料点	638 548.09	3 457 348.09	36.23	46.090	3.11	42.98

3.6.3　地下水数值模拟模型建立和识别

　　水文地质概念模型是把含水层实际的边界性质、内部结构、渗透性质、水力特征和补给排泄等条件进行概化，以便于进行数学与物理模拟。水文地质概念模型是对地下水系统的科学概化，是为了适应建立模型的要求而对复杂的实际系统的一种近似处理，是地下水系统模拟的基础。它把研究对象作为一个有机整体，以地质为基础，综合各种信息，集多学科的研究成果于一体，根据系统工程技术的要求概化而成。根据评价区的岩性构造、水动力场、水化学场的分析，可确定概念模型的要素，其核心为边界条件、内部结构、地下水流态三大要素。

3.6.3.1　模型的模拟区域

拟建项目场地分布，结合场地自然条件，考虑厂区及周边的地形地貌特征、区域地质条件、水文地质条件、地下水流向，确定东部以汉江为界，西部以局部地表分水岭为界，北部以涑河为界，南部至秦春村一带，确定地下水评价区面积为 43.5 km²。

3.6.3.2　含水层的概化

地下水系统的概念模型是根据建模的要求和具体的水文地质条件，对系统的主要因素和状态进行刻画，简化或忽略与系统目的无关的某些系统要素和状态，便于数学描述，并建立地下水系统模拟模型。

由前述水文地质条件可知，模拟区地下水主要赋存于基岩风化含水层，根据收集的一些区域钻孔资料统计结果，收集钻孔资料井深在 40～200 m，且监测井最深为 180 m，因此确定本次模拟深度取 180 m。地下水以水平运动为主。因此，主要预测和评价项目场地对含水层和敏感点的影响。模型所描述的含水层的水力特征、参数等均为研究范围内所有含水层的等效值。

3.6.3.3　地下水流动特征

从空间上看，地下水流整体呈水平运动的流动特征，为了明确建设项目对潜水的影响，将模拟区的地下水流作为三维稳定流处理。

3.6.3.4　模拟区边界条件的概化

（1）侧向边界

根据模拟区的地质条件、水文地质条件和地下水开发利用特点，将地下水系统模拟区确定为西部与外围不参与水量交换，东侧为模拟区地下水流出边界，西侧为模拟区地表分水岭位置，定义为零通量边界。

（2）垂向边界

潜水含水层自由水面为系统的上边界，通过该边界，潜水与系统外发生垂向水量交换（如接受大气降水入渗补给等）。

（3）水力特性

地下水系统符合质量守恒定律和能量守恒定律；含水层分布广、厚度大，在常温、常压下地下水运动符合达西定律；考虑到污染物运移及软件的特点，地下水运动可概化为空间三维流；降水入渗相对较小，故地下水为稳定流；参数不随空间变化，体现了系统的非均质性，第四系潜水含水层水平与垂向不存在差异，所以参数概化成各向同性。

综上所述，模拟区可概化为非均质、各向同性、空间三维结构、稳定地下水流系统，即地下水系统的概念模型。

3.6.4　地下水流数值模拟模型

（1）数值模拟模型

对于上述非均质、各向同性、空间三维结构、稳定地下水流系统，可用如下微分方程的定解问题来描述：

$$
\begin{cases}
\mu\dfrac{\partial h}{\partial t}=K_x\left(\dfrac{\partial h}{\partial x}\right)^2+K_x\left(\dfrac{\partial h}{\partial y}\right)^2+K_x\left(\dfrac{\partial h}{\partial z}\right)^2 \\[2mm]
\qquad -\dfrac{\partial h}{\partial z}\left(K_x+p\right)+p & x,y,z\in\varGamma_0,t\geqslant 0 \\[2mm]
h(x,y,z,t)\big|_{t=0}=h_0 & x,y,z\in\varOmega,t\geqslant 0 \\[2mm]
\dfrac{\partial h}{\partial\vec{n}}\bigg|_{\varGamma_1}=0 & x,y,z\in\varGamma_1,t\geqslant 0 \\[2mm]
K_n\dfrac{\partial h}{\partial\vec{n}}\bigg|_{\varGamma_2}=q(x,y,z,t) & x,y,z\in\varGamma_2,t\geqslant 0
\end{cases}
\tag{3-1}
$$

式中：$\varOmega$——渗流区域；

$\quad$ h——$h=h(x,y,z)$，含水层的水位标高，m；

$\quad$ K_x——渗透系数，m/d；

$\quad$ K_n——边界面法线方向的渗透系数，m/d；

$\quad$ μ——潜水含水层在潜水面上的重力给水度；

$\quad$ p——潜水面的蒸发和降水等，d^{-1}；

$\quad$ h_0——含水层的初始水位分布，m，$h_0=h_0(x,y,z)$；

$\quad$ $\varGamma_0$——渗流区域的上边界，即地下水的自由表面；

$\quad$ $\varGamma_1$——渗流区域的下边界，即含水层底部的隔水边界；

$\quad$ $\varGamma_2$——渗流区域的侧向边界；

$\quad$ $\vec{n}$ ——边界面的法线方向；

$\quad$ $q(x,y,z,t)$ ——二类边界的单宽流量，$m^2/(d\cdot m)$，流入为正，

$\qquad\qquad\qquad\qquad$ 流出为负，隔水边界为0。

（2）模型的前期处理

①基础资料。

项目野外调查、勘查试验资料和区域地质图、水文地质图及水文地质勘查成果。

②网格剖分。

应用 Visual Modflow 软件采用矩形剖分，剖分时除了遵循一般的剖分原则，还应充分考虑工作区的边界、岩性分区边界，并在项目污染单元进行加密等实际情况。其网格剖分大小为 32 m×48 m，加密网格剖分大小为 4 m×6 m，模拟区共剖分 125 564 个网格。

（3）源汇项的处理

根据收集的气象资料，多年降水量在 358～483 mm，大气降水入渗补给量用式（3-2）计算：

$$Q_降 = \alpha \cdot P \cdot F \times 10^3 \qquad (3\text{-}2)$$

式中：$Q_降$——大气降水入渗补给量，m^3/a；

　　　α——降水入渗系数，量纲一；

　　　P——有效降水量，mm/a；

　　　F——入渗补给面积，km^2。

经计算，模拟区大气降水入渗补给量为 $Q_降 = 212.715$ 万 m^3/a（表 3-6）。

表 3 6　模拟区大气降水入渗补给量

降水入渗系数	入渗补给面积/km^2	有效降水量/（mm/a）	入渗补给量/（万 m^3/a）
0.05	43.50	978	212.715

（4）蒸发量

蒸发量由 Evapotranspiration 软件包输入模型的相应单元格中。蒸发量计算根据图 3-5 所示设定的蒸发极限埋深，根据地下水蒸发量计算公式计算其蒸发量，其中，蒸发量值选取多年平均蒸发值代入模型中。

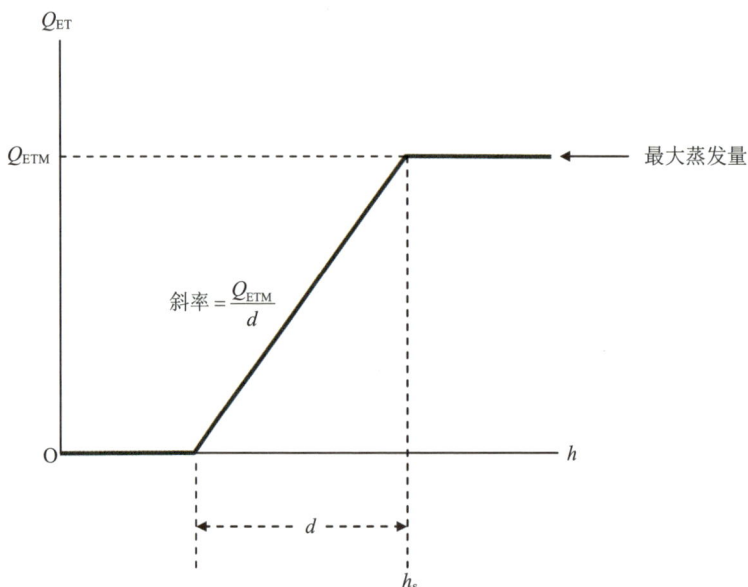

图 3-5 蒸发极限示意图

（5）人工开采量

据调查，模拟区内无人工开采。

（6）水文地质参数

本次工作主要是采用已有的抽水试验求得的水文地质参数，并根据本次抽水试验成果，得到模拟区水文地质参数分区值（表 3-7）。

表 3-7 水文地质参数分区值

编号	水平渗透系数/（m/d）	给水度/（m³/h）	有效孔隙率/%	总孔隙率/%
Ⅰ 区	1.50	0.12	0.20	0.30
Ⅱ 区	0.05	0.05	0.20	0.30
Ⅲ 区	0.20	0.08	0.20	0.30

（7）模型的识别与检验

模型的识别与检验过程是整个模拟中极为重要的一步工作，通常要反复地修改参数和调整某些源汇项才能达到较为理想的拟合结果。此模型在识别与检验过程中采用的方法也称试估-校正法，该方法属于反求参数的间接方法之一。

通过运行计算程序，可得到这种水文地质概念模型在给定水文地质参数和各均衡项条件下的地下水水位时空分布，通过拟合同时期流场的历时曲线，识别水文地质参数、边界值和其他项，使建立的模型更符合模拟区的水文地质条件。

模型的识别和验证主要遵循以下 3 个原则：①模拟的地下水流场要与实际地下水流场基本一致，即要求地下水模拟等值线与实测地下水水位等值线形状相似；②从均衡的角度出发，模拟的地下水均衡变化要与实际基本相符；③识别的水文地质参数要符合实际水文地质条件。

根据以上原则，对模拟区地下水系统进行了识别和验证。通过反复调整参数和均衡量，识别水文地质条件，确定了模型结构、参数和均衡要素。

3.6.5 地下水污染模拟模型

通过建立地下水溶质运移模型来模拟污染物的运移。此处考虑最不利的情况，假定在污染物到达潜水含水层并达到最大浓度，以各污染物的浓度值进行源强计算，在水文地质概念模型的基础上预测污染物在地下水中的运移。

根据水文地质模型的模拟计算结果，按模型模拟得到的地下水流场，考虑到污染物在地下水中的运移方式以弥散与对流为主，在地下水污染模拟过程中未考虑污染物在含水层的吸附、挥发、生物化学反应，模型中各项参数予以保守评价。

3.6.5.1 地下水溶质运移模型

描述某种污染物 k 的三维、非稳定溶质运移模型可用偏微分方程来表示：

$$\frac{\partial\left(\theta C^{k}\right)}{\partial t}=\frac{\partial}{\partial x_{i}}\left[\theta D_{ij}\frac{\partial C^{k}}{\partial x_{j}}\right]-\frac{\partial}{\partial x_{i}}\left(\theta v_{i}C^{k}\right)+q_{s}C_{s}^{k} \qquad （3-3）$$

式中：θ ——包气带孔隙度，量纲一；

C^{k} ——溶质 k 的浓度，ml^{-3}；

t ——时间，T；

x_{i}, x_{j} ——沿各自笛卡尔坐标系方向上的距离，L；

D_{ij} ——水动力弥散张量，$L^{2}T^{-1}$；

v_{i} ——地下水渗流速度，1/LT；

q_{s} ——源汇项通量，1/T；

C_{s}^{k} ——溶质 k 的源汇项通量的浓度，ml^{-3}。

本次三维、非稳定的溶质运移模型利用 Visual Modflow 中的 MT3DMS 模块进行预测计算，边界及初始条件设置如下：

（1）初始条件

$$C(x,y,t)=C_{0}(x,y)\ (x,y)\in\Omega, t=0 \qquad （3-4）$$

式中：$C(x, y, t)$ ——初始浓度分布；

Ω ——模拟区域。

由于本次模拟的各预测因子在地下水水质现状监测中浓度较低或低于检出限，故各因子初始浓度设置为零。

（2）边界条件

Neumann 边界条件，边界的浓度梯度

$$\theta D_{ij}\frac{\partial C}{\partial x_j} = f_i(x,y,t)\ (x,y)\in \Gamma_2, t\geqslant 0 \qquad (3\text{-}5)$$

式中：Γ_2——通量边界；

$f_i(x,y,t)$——边界弥散通量的已知函数，本次模拟边界设置为零
通量边界。

3.6.5.2 源汇项及边界条件的给定

模拟区内的自然条件相对稳定，主要表现在降水量、蒸发量等气象
要素年际变化不大，模拟区地下水系统的源汇项基本不变。

3.6.5.3 弥散度的给定

水动力弥散尺度效应的存在，难以通过野外或室内弥散试验获得真
实的弥散度。因此，本次评价参考前人的研究成果，根据图 3-6，模拟
区对应的弥散度应介于 1～10 m，按照偏保守的评价原则，本次模拟纵
向弥散度参数值取 10 m，横向弥散度参数值取 1 m。

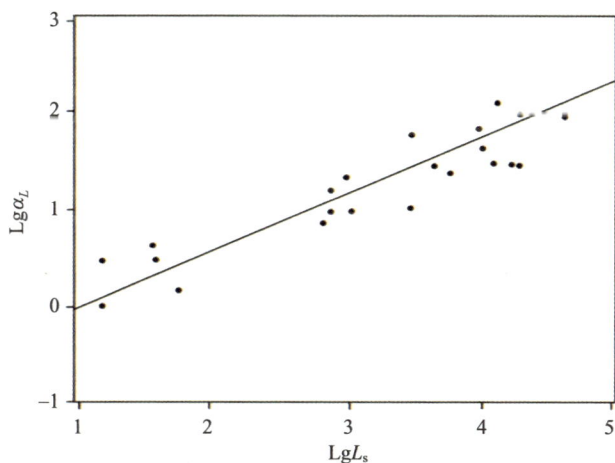

图 3-6 孔隙介质数值模型的 Lgα_L—LgL_s

3.6.6 现有防渗状况下渣场区污染影响

根据现状调查，渣场防渗层表层覆盖的黏土层，经机械压实后渗透系数小于 $1×10^{-7}$ cm/s；渣场填埋方向为由东北向西南延伸，自 2018 年，向西南方向延伸进行黏土压实后，上面覆盖厚度为 1.5 mm 防渗膜（HDPE）；事故池和渗滤液收集池原来采用水泥+砂浆防渗，后补充采用树脂+玻璃钢布。华毅化工渣场的防渗系数应为黏土层的渗透系数，经机械压实后渗透系数小于 $1×10^{-7}$ cm/s，在本次预测时应按大值进行计算。

3.6.6.1 渗漏时间确定

在调查现有防渗基础上进行预测，因此确定其渗漏为持续渗漏，预测时间为 20 a。

3.6.6.2 现有防渗条件下地下水环境影响预测

利用建立的数值模拟模型，在模型中输入氨氮、砷的浓度，降水量从多年平均降水量中以月为应力期输入模型中，选用 MT3DMS 模块进行计算后，预测周期为 20 a。

（1）预测结果

由预测结果图可知，污染物氨氮、砷进入地下水，造成潜水含水层中氨氮、砷浓度局部增加，在第 1 000 d 出现超标现象，且污染物超标范围和超标浓度持续增加。

（2）对含水层影响分析

根据预测图可知，在现有防渗条件下污染物氨氮、砷进入地下水，造成潜水含水层中砷浓度局部增加形成污染羽，在第 1 000 d 出现超标现象，且污染物超标范围和超标浓度持续增加，对含水层影响范围持续扩大。由于地下水的背景值超标，无法对氨氮超标情况进行分析。

地下水监测井距离渣场位置为 159 m，根据预测结果可知，预计第 15 a 监测井才能检测到污染物砷超标。

（3）对敏感点影响分析

据调查，评价范围内没有敏感点分布。因此，对敏感点不会产生影响。

3.6.7 非正常状况下渗滤液收集池污染影响

根据现状调查，华毅化工渗滤液收集池均铺设防渗膜，在非正常状况下华毅化工渗滤液收集池的防渗系数未达到设计要求，为设计的 10 倍，即等效黏土层厚度为 6.0 m，渗透系数不大于 1.0×10^{-6} cm/s。

3.6.7.1 渗漏量计算

据调查，渗滤液收集池面积约为 3 000 m^2，垂向渗透系数为 1.0×10^{-6} cm/s，其渗漏量为 2.59 m^3/d。

根据现状监测结果可知，其废水监测指标中氨氮、砷和氟化物超标，因此，确定其预测指标为氨氮、砷和氟化物。

3.6.7.2 渗漏时间确定

根据现状调查，现有防渗基础已经通过环保验收，因此，确定其渗漏为非正常渗漏，渗漏时间为第 100 d，预测时间为 20 a。

3.6.7.3 现有防渗条件下地下水环境影响预测

利用建立的数值模拟模型，在模型中输入氨氮、砷和氟化物的浓度，降水量从多年平均降水量中以月为应力期输入模型中，选用 MT3DMS

模块进行计算后，预测周期为 20 a。

（1）预测结果

由预测结果图可知，污染物氨氮、砷和氟化物进入地下水中，造成潜水含水层中氨氮、砷和氟化物浓度局部增加，在第 100 d 和第 1 000 d 出现超标现象，由于是短期渗漏，因此在预测期末污染物氨氮、砷和氟化物在含水层中基本满足《地下水质量标准》Ⅲ类水质要求。

（2）对含水层影响分析

在设计未达到防渗要求的条件下污染物氨氮、砷和氟化物进入地下水，造成潜水含水层中耗氧量和氨氮浓度局部增加形成污染羽，在第 100 d 和第 1 000 d 出现超标现象，由于是短期渗漏，因此在预测期末污染物氨氮、砷和氟化物在含水层中基本满足《地下水质量标准》Ⅲ类水质要求。

（3）对敏感点影响分析

据调查，评价范围内没有敏感点分布，因此，对敏感点不会产生影响。

3.6.8　地下水污染影响预测

在现有防渗条件下不考虑包气带对污染物的自净、吸附、生化作用等的阻滞效应，地下水污染模拟预测结果显示：在预测期内，磷石膏渣场和渗滤液收集池污染物持续渗漏的条件下，在第 100 d 造成潜水含水层中氨氮、砷和氟化物浓度局部增加，在第 1 000 d 出现超标现象，且污染物超标范围和超标浓度持续增加。

3.7　经验总结

磷石膏渣场排查工作按照《指南》要求，多数磷石膏渣场存在共性问题。

3.7.1 涉水整治建议

（1）地下水日常监测方面

少数渣场日常未按《指南》要求定期对地下水进行监测，监测项目不太齐全的，应参照《指南》的要求：一是监测报告满足每 3 个月提交 1 份的要求；二是每份监测报告里是否对每个上游、横向、下游 3 类监测井都进行了监测；三是每份监测报告里每个监测井的监测项目都包括 pH、磷酸盐、氟化物等，并按规范建立详细的地下水监测台账。

（2）地下水监测井位优化方面

2019 年 1 月，在渣场整改期间，地下水监测井在建井时由湖北省地质局水文地质工程地质大队进行磷石膏渣场水文地质调查，并形成了水文地质调查报告，提出了监测孔优化布设建议，新建井位基本满足渣场地下水的监测要求。但是，钟祥市"胡双磷"（胡集镇、双河镇、磷矿镇）地区水文地质条件复杂，建议在条件允许的情况下，不能满足监测要求的渣场开展专项水文地质勘查，优化对照井、监测井、扩散井布设。

另外，建议加强所有磷石膏渣场在地形图中标注 3 类地下水监测井，并完善成井资料；同时定期对监测台账的监测数据进行分析，以便及时发现污染问题。并根据本次取样调查结果，建议对大峪口氨氮、氟化物超标的情况加强监测，根据监测情况判断是否需要进一步开展超标原因调查，通过论证调查结论来确定地下水整改措施是否到位。

（3）渗滤液收集方面

除了中原化工渣场、瑞丰化工渣场、世龙化工渣场、大峪口化工渣场未收集到竣工环境保护验收资料（其中，中原化工渣场和瑞丰化工渣场已永久关停不再使用，大峪口化工渣场建设于 1997 年），其他 8 家渣场均根据环境影响评价要求进行了防渗改造并通过了竣工环境保护验

收，落实了环境影响评价中关于防渗设计要求。但根据《指南》要求，建议进一步加强对磷石膏渣场现有堆体底部防渗系统的监管和预警，尤其是在产的渣场，加强地下水和渗滤液等相关监测管理，及时发现问题并随时整改；按最新要求将防渗膜铺设至截污沟；对于未转移至防渗膜铺设区域的磷石膏，通过车辆运输方式进行转移，同时注意在转移过程中应采取喷淋或全封闭运输等防尘措施；仍在继续填埋的渣场，在后续磷石膏堆存过程中应根据地形及磷石膏渣堆存情况，调整堆存位置，以形成高度差坡面，保证渗滤液走向至完全收集。

部分渣场存在渗滤液收集池未及时开展底泥清理工作的，应及时将清理出的底泥按照危险废物管理的要求，送至有危险废物处置资质的单位进行妥善安全处置。

另外，所有磷石膏渣场应建立渗滤液回用台账，确保渗滤液及时回用，以满足库容调洪要求；回水使用频率，应根据实际生产及时启用渗滤液回用管线，保证其管道可以正常使用；在回水管线安全运营方面，需及时检查修理在管线接口处的破损，输送系统建议为一用一备；在跨越环境保护目标时应设警示标识和环境风险防范措施，设置在事故状态下的应急设施；建议按照监测要求按时进行地下水环境质量监测，并定期巡查防渗膜是否有破裂损坏情况，保证实际防渗效果满足要求。

（4）渗滤液处理方面

现场排查部分磷石膏渣场的渗滤液处理系统存在未处理直接回用的问题，不能满足环境影响评价要求，但考虑到各渣场项目渗滤液的不同回用途径（如要进行洒水降尘或泵抽回至磷酸车间回用），可进行渗滤液、淋溶水不处理回用的可行性分析，根据可行性论证结论，对渗滤液处理系统提出相应的整改建议。

（5）截洪沟方面

对磷石膏渣场堆体及时挂网抑尘，并保证堆体高度低于垮塌掩埋截洪沟；定期检查截污沟、截洪沟的疏通情况，及时对磷石膏渣场截污沟、截洪沟进行清理，并清运周边截洪沟内杂物，同时修补坍塌。

3.7.2 涉气整治建议

①对于磷石膏渣场非作业区尚未全部板结的，应及时喷淋抑尘，并更换或选用高质量防尘网。

②规范化使用车辆冲洗槽，定期对磷石膏渣场进出库道路、作业区域等易产生扬尘的地点进行洒水抑尘。

③磷石膏堆放到设计标高后，进行植被恢复；没有达到设计标高时，塑料网遮盖。以保证粉尘浓度不超过 2 mg/m³ 的工业标准。

3.7.3 生态恢复整治建议

针对坝面形成部分冲沟、部分磷石膏堆体裸露未覆土的区域，及时开展生态恢复工作，有效保持水土，提升植被恢复效果。

3.7.4 日常整治建议

①环境风险控制方面建议做好各渣场的《沉降位移监测记录》《堆场水泵运行记录》《安全环保设备设施维护记录》《堆场巡查记录》《渗滤液收集池水质中和记录》等相关记录。

②加强企业日常环境管理方面建设。

③库区周边地表水监测及地下水监测按照《指南》进行调整，建议严格执行已取得批复的环境影响报告书提到的空气、噪声、渣场排水、生态环境监测计划。

3.7.5　提出整治建议

①对于磷石膏综合利用，建议应加快制订磷石膏资源化利用方案并投入运行。

②对于不再利用的磷石膏渣场，按照《指南》中对于磷石膏库的提升要求进行封场及实施生态修复。

③2019 年 12 座渣场的整改取得了较好的预期成效，建议各企业参照《指南》中的要求提升企业管理意识，加强环境保护。

4

流域统筹

4.1 钟祥市流域总体概况

汉江流域作为长江最大支流，是我国重要的优质水源，汉江分为上、中、下三段。丹江口以上为上游，长约 925 km；丹江口至钟祥市为中游，长约 270 km；钟祥市以下为下游，长约 387.5 km。钟祥市沿线农田灌溉用水和城镇集中式饮用水水源主要取自汉江。

钟祥市内流入汉江主要有两条汉江的一级支流——南泉河和浰河。南泉河主干流发源于胡集镇经济开发区（磷化循环产业园）的陈谷湾水库，途经胡集镇丽阳村、邱桥村、向岗村后与西汉河相汇，全长约15.7 km；南泉河支流西汉河发源于胡集镇虎山村中山娅水库，经金山村金牛山水库、桥垱河、罗山村、湖山村，向岗村与南泉河干流相交经横堤闸口进入汉江，全长约 25 km。南泉河流域覆盖了整个胡集镇区，总面积为 127 km²，担负着河道两边数百亩良田的灌溉任务。南泉河入汉江口断面水质受整个胡集镇经济开发区内磷化企业的影响，尤其是磷化工企业前期粗放发展阶段涉及硫铁矿制酸企业排放的硫铁渣（黑渣和红渣）、冲渣废水和稀酸的影响，涉重工业园区源头类金属砷污染遗留问题仍然威胁较大。

浰河流域发源于荆门市东宝区石桥驿镇，经钟祥市双河镇、磷矿镇流入汉江，全长约 18 km，流域总面积约为 104 km²。目前，石桥驿镇磷化企业已与双河镇相邻发展，流域沿岸双河镇、磷矿镇磷化企业交相呼应，同样受磷化工企业初期粗放发展的影响，特别是硫铁渣衍生的非法小选铁厂星罗棋布，依托浰河水资源及容量进行磁选硫铁渣获取暴利，浰河中上游水质类金属砷仍然不容乐观。鉴于流域中下游沿岸农田灌溉用水，以及两流域入河口下游乡镇及其村组集中式饮用水工程的实施，为确保农产品生产安全和饮用水安全，流域重金属污染治理尤显迫切。

南泉河位于湖北省钟祥市胡集镇，河流流经丽阳村、邱桥村、向岗村、孙湾村等村入汉江。自 2005 年，随着沿江各地污染物排放量的逐年增长，污染物浓度呈逐年上升趋势，水质污染逐渐加重，污染带不断增加和扩大，个别污染因子已处于水环境质量临界值，且偶有超标现象出现。

南水北调中线工程从丹江口水库调水 95 亿 m³（远期为 130 亿 m³）后，汉江多年平均径流量将减少 1/4（远期为 1/3），势必造成污径比增加，水环境容量降低，水体自净能力下降，污染物深度增高，若不及时采取有效污染防治和生态保护措施，汉江中下游水环境污染的范围和程度将进一步扩大和加重。

另外，汉江中下游干流受调水直接影响，流量减少，其污染加重程度将比支流更为显著。尤其是随着丰水期、平水期历时减少，枯水期历时将延长，势必形成高气温、低流量，从而诱发汉江水华污染现象。根据长江水利委员会等有关科研单位进行的计算机模拟分析，当调水 130

亿 m^3 时，在其他条件相同的情况下，汉江中下游水华污染现象出现的概率将增加 10%～20%。

湖北省汉江流域中下游污水排放总量为 71 962 万 t，荆门控制区为 14 921 万 t，占总量的 20.7%。各控制区工业污水排放量襄阳最大，荆门次之。生活源 COD、氨氮和总磷排放量襄阳最大，其次是武汉市市区，再次是荆门控制区。而南泉河附近重点磷化企业历史排污严重，造成南泉河排入汉江的污水超量。可见，减少南泉河污水的排放对汉江干流环境举足轻重。

南泉河整个河段周边，分布着众多的村庄，河水臭、脏、差的环境一直没得到改善，特别是到了夏天，蚊蝇滋生，臭气熏天，严重影响了当地居民的生产生活质量。另外，南泉河流域由于河水中的砷等污染物，粮食、蔬菜等农作物的产量和品质均受到一定的影响。有的年份还严重地影响了农作物的结实。据统计，南泉河流域粮食单产低于正常水平 10%～20%。南泉河内污染物浓度高，流经地周边无较大的河流补充清洁水来稀释，造成与汉江相交的出口处污染物浓度仍有超标现象，严重影响汉江水质。而汉江流域是重要的商品粮油生产基地，灌溉用水主要取自河水，污染物的排放成为危害汉江下游群众健康、影响社会稳定的重要因素。因此，钟祥市人民政府于 2015 年 5 月向中央申请专项资金对南泉河进行整治。

4.2 南泉河流域污染状况调查

2015 年，调查单位对南泉河流域和丰水期淹没区水环境、底泥等开展污染状况调查（图 4-1）。

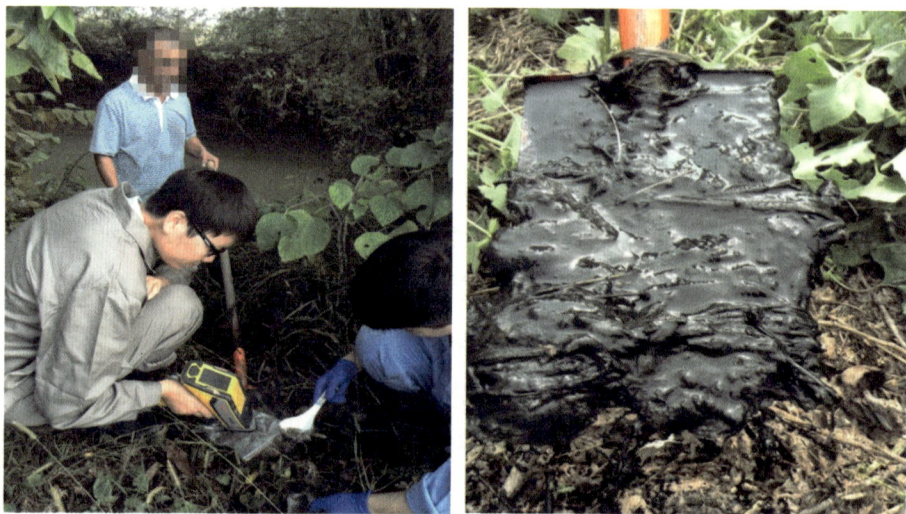

图 4-1　南泉河流域调查现场

南泉河流域水质较差，重金属或类金属超标严重。由于采集样品为暴雨期，地表水受雨水冲刷及扰动剧烈，采集的 7 个地表水样品中砷均超标，最高超标近 20 倍；镉超标率为 28.5%，最高超标 8 倍；锌超标率为 28.5%，最高超标 2 倍；铜超标率为 14%，最高超标 2.5 倍。底泥样品送实验室检测，包括 2015 年 7 月的 19 个样品和 9 月的 91 个样品，共计 110 个样品，样品中砷超标率为 91%，最高含量达 3 800 mg/kg，超标 126 倍；样品中镉超标率为 66%，最高含量达 56.2 mg/kg，超标 56 倍。另外，7 月的检测数据中，底泥中锌超标率为 60%，最高含量达 2 650 mg/kg，超标 5.3 倍。底泥中铜超标率为 25%，最高含量达 2 300 mg/kg，超标 5.7 倍。

近岸土壤样品质量相对较好，但仍存在部分砷和镉超标的情况，浸出液仅有个别砷污染超标，且超标不严重。

分别将实验室检测数据与现场 XRF 检测数据进行相关性分析，以类金属砷的数据为例，探讨两者之间的相关性（图4-2、图4-3）。

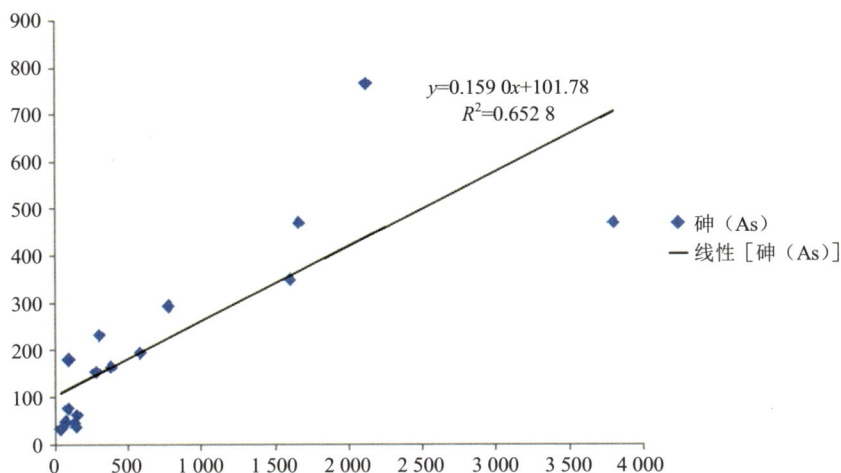

$y=0.159\ 0x+101.78$
$R^2=0.652\ 8$

◆ 砷（As）
— 线性［砷（As）］

图 4-2　2015 年 7 月实验室检测数据与 XRF 现场检测数据线性关系

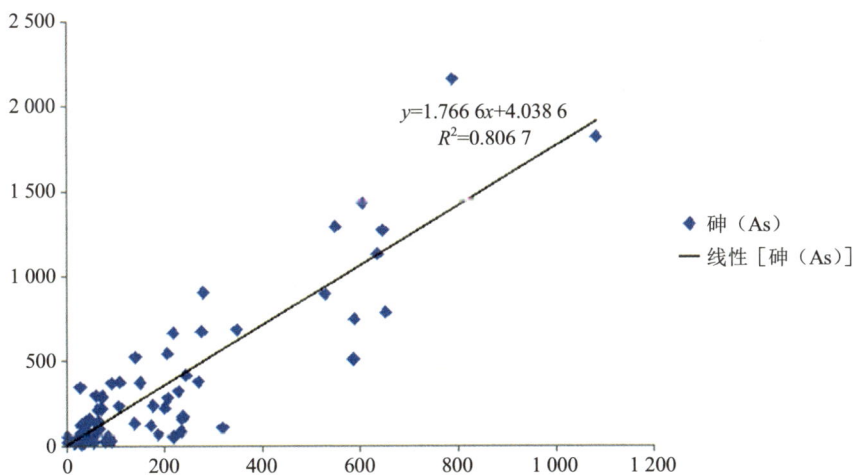

$y=1.766\ 6x+4.038\ 6$
$R^2=0.806\ 7$

◆ 砷（As）
— 线性［砷（As）］

图 4-3　2015 年 9 月实验室检测数据与 XRF 现场检测数据线性关系

根据相关性计算可知，7 月实验室检测数据与 XRF 现场检测数据相关性为 80.8%，9 月实验室检测数据与 XRF 现场检测数据相关性为 89.8%，可见两者相关性较高，现场 XRF 检测数据具有较高的可信度（图 4-4、图 4-5）。

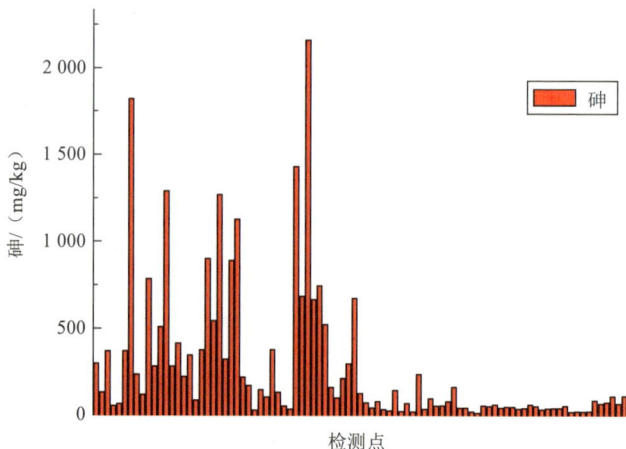

图 4-4　2015 年 9 月实验室检测 As 污染浓度趋势

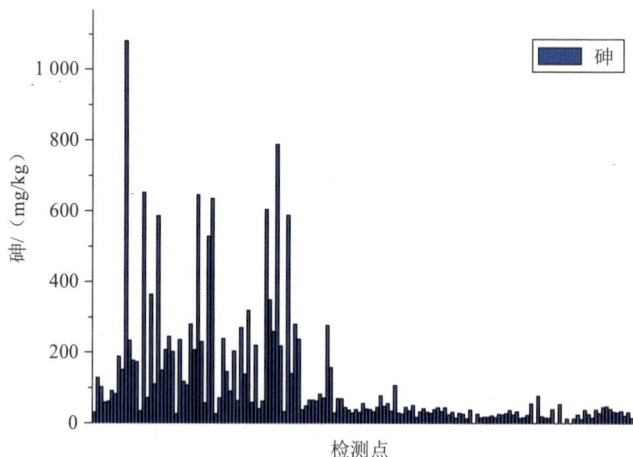

图 4-5　2015 年 9 月 XRF 检测 As 污染浓度趋势

由 As 污染趋势可看出，上游 As 污染较严重，且污染不均匀，中下游污染程度一般，污染均匀。

4.3 南泉河流域治理实施

4.3.1 工艺路线

南泉河底泥重金属污染的治理，主要包括截流导流工程、河道清淤工程、污水处理工程、底泥治理工程等（图 4-6），总体施工流程以施工工艺顺序先后为原则，按时间和空间交叉施工（图 4-7）。

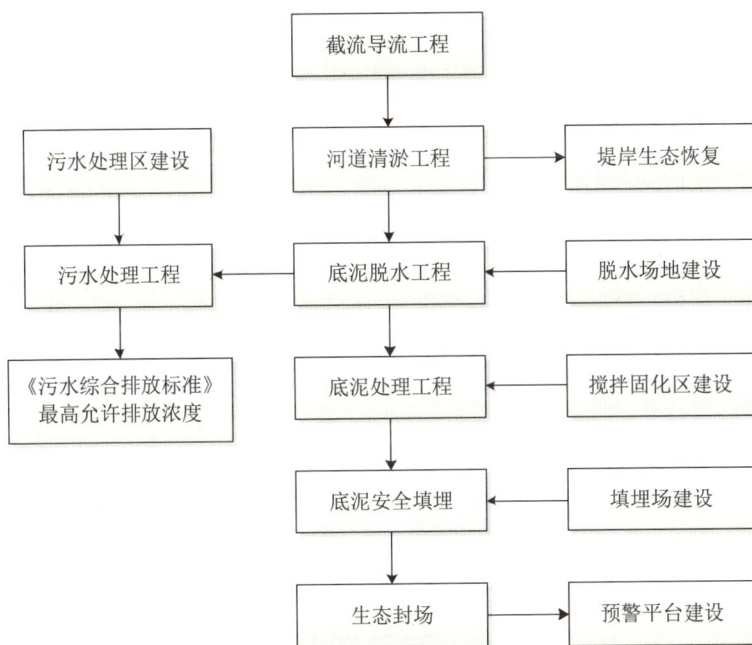

```
                        ┌──────────────┐
                        │  截流导流工程  │
                        └──────┬───────┘
                               ↓
┌──────────────┐      ┌──────────────┐      ┌──────────────┐
│  污水处理区建设 │      │  河道清淤工程  │ ───→ │  堤岸生态恢复  │
└──────┬───────┘      └──────┬───────┘      └──────────────┘
       ↓                     ↓
┌──────────────┐      ┌──────────────┐      ┌──────────────┐
│  污水处理工程  │ ←─── │  底泥脱水工程  │ ←─── │  脱水场地建设  │
└──────┬───────┘      └──────┬───────┘      └──────────────┘
       ↓                     ↓
┌──────────────┐      ┌──────────────┐      ┌──────────────┐
│《污水综合排放标准》│    │  底泥处理工程  │ ───→ │  搅拌固化区建设 │
│最高允许排放浓度 │      └──────┬───────┘      └──────────────┘
└──────────────┘             ↓
                      ┌──────────────┐      ┌──────────────┐
                      │  底泥安全填埋  │ ───→ │  填埋场建设   │
                      └──────┬───────┘      └──────────────┘
                             ↓
                      ┌──────────────┐      ┌──────────────┐
                      │   生态封场    │ ───→ │  预警平台建设  │
                      └──────────────┘      └──────────────┘
```

图 4-6　南泉河底泥重金属污染治理工艺流程

69

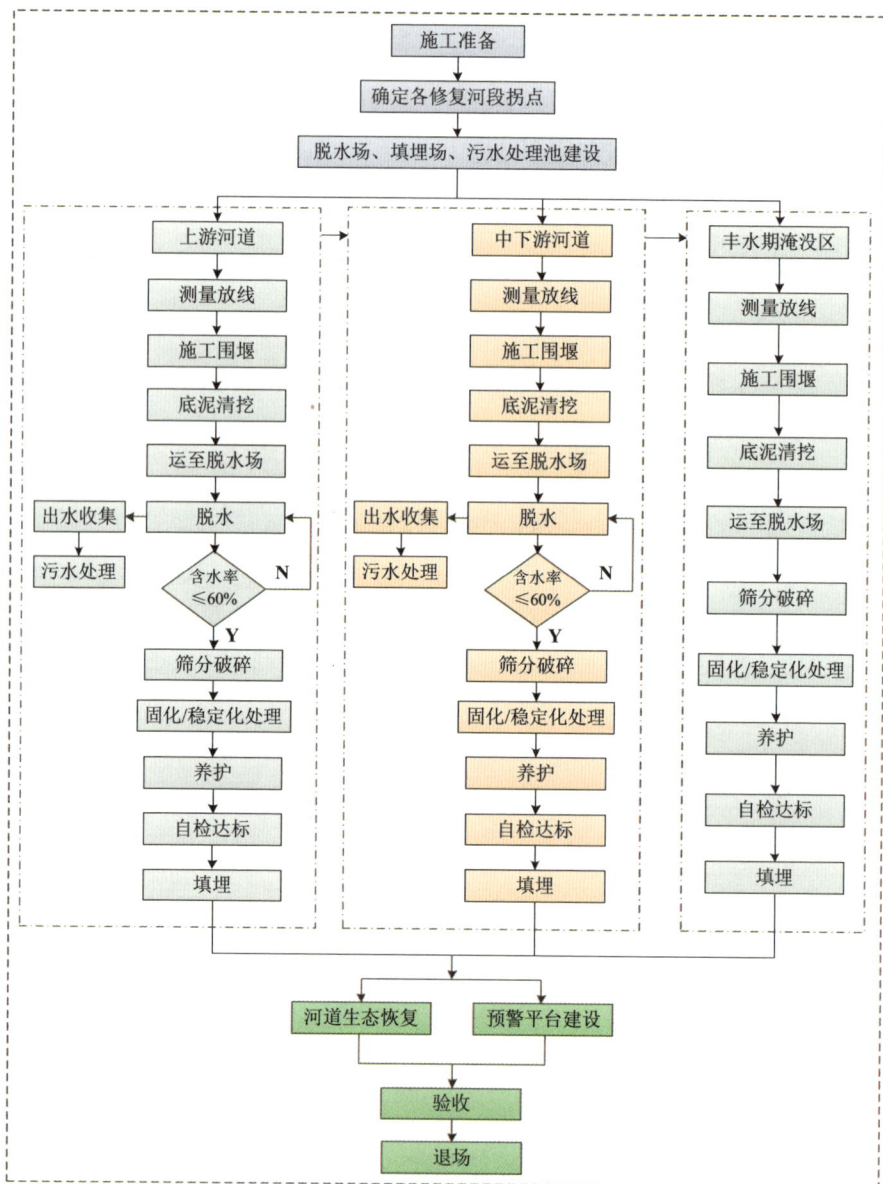

图 4-7　总体施工流程

（1）在完成场地施工准备工作后，立即进行污染底泥脱水场、填埋场、污水处理池等的建设，为现场修复工程实施做准备。

（2）污染底泥挖运部署

①污染底泥清挖后，对达到开挖深度后的河床底泥进行监测，以确定污染底泥是否清挖到位。

②所有底泥运输均为密闭运输车，转运土量不得超过最大容量的4/5，在运输过程中保证底部防水、防渗。

（3）污染底泥脱水处置部署

①脱水场设置在填埋场附近，包含 3 个脱水场。

②挖出的底泥运输至指定脱水场，进行脱水处置，进入脱水场顺序优先考虑 3#脱水场，待装满后再使用 2#脱水场，最后使用 1#脱水场。

③脱水处置完成后，利用检测设备对处置完的底泥的含水率进行测定，测定合格（含水率≤60%）后进行下一步修复处理，否则继续脱水至合格。

（4）污染底泥处置部署

①项目对河道内污染底泥及丰水期淹没区污染底泥进行固化/稳定化处理，处理总方量为 79 512.8 m³。

②河道污染底泥的固化/稳定化是将挖出的底泥转运至脱水场，脱水处理合格（含水率≤60%）后，就地进行固化/稳定化。

③丰水期淹没区污染底泥清挖后转运至脱水场，进行固化/稳定化，养护 7～14 d。

④养护 7～14 d 后进行检测，检测合格后转运至填埋场填埋。

（5）水处理

①施工区域废水主要为底泥脱水出水及河道清淤过程中围堰内的河水。

②收集的污水统一收集在污水处理池，经预沉池和清水池、移动式污水处理设备处理后，检测水质中 As、Cd 达《污水综合排放标准》（GB 8978—1996）最高允许排放浓度后排放至污水收集管网。

③废水处理过程中为防止造成二次污染，在污水处理池底部铺设 HDPE 土工膜。

（6）生态恢复和预警平台建设施工部署

①河道清挖治理完成后，对河道进行生态恢复。

②在南泉河流域内建设 2 座预警平台，实时监测南泉河水质情况。

（7）场地验收退场部署

①修复工程完成后，自检合格后，准备申请验收工作。

②验收结束后，撰写竣工验收报告，整理工程资料移交业主单位、监理单位。

③按照施工进度计划进行场地清退。

4.3.2　围堰及导流施工

从上游至下游分段隔离，在每段河段的上游和下游两端（分道和回流围堰）横穿整条河流的横截面设置沙袋围堰。在沿着导流围堰下游的周边安装一个柱状泥沙阻隔拉帘以减轻任何悬浮固体杂物对下游水质造成的影响，安装上游导流围堰将隔断上游河水，在围堰前形成积水潭。在沙袋上方将放置一个防渗衬垫以减少通过围堰的渗水。

（1）围堰截流设计

围堰截流工程采用沙袋围堰，沙袋将重复利用，围好堰后将上游的水通过泵导流至下游，防止水进入施工区域，影响施工。为了解决沿南泉河回水湾的积水问题，在每个回水湾上游铺设一条单独的沙袋围堰，并在其底部放置一根导流管。这些水将被排入围堰下游（图 4-8）。

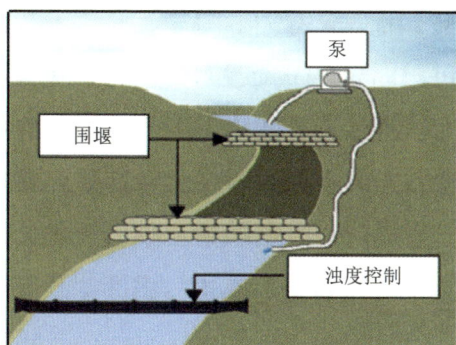

图 4-8　围堰设计示意图

（2）围堰施工程序及导流设计

根据工程设计，南泉河清淤将从上游分段依次向下游进行，为了保证施工以及河道顺畅，除特别功能的围堰以外，其他围堰都根据施工进度依次建设或者拆除。在一个小分段施工完成以后，上游的围堰及时拆除，同时下游的围堰作为下一个施工段上游的围堰，并在其上端增加格栅以及浊度拉帘即可，将南泉河各段设置围堰后，需要对截流的河水进行导流。

（3）沙袋围堰结构稳定性

在米用沙袋构筑斜面之前，需要先将斜面底部的质地较软的沉积物质清除，以便为斜面提供稳固的基础。这种施工方法能够大大增加斜面抵抗侧部作用力（主要是液压载荷）的能力，同时能够降低斜面发生沉降的风险。如果无法在斜面构筑之前进行沉积物质的清理，可以先在南泉河的底部敷设一层土工织物，再在其上进行沙袋的堆积。随着沙袋斜面从南泉河的一侧向另一侧延伸，上述软质的沉积物将会渗透到土工织物之下。这主要是由于随着斜面高度和长度的增加，沉积物质将会挤压到下方和侧方，沙袋斜面随时可能发生沉降。因此，在清淤过程中，必

须随时注意观察沙袋斜面的稳定性，确定其是否发生沉降。如果发生严重的沉降现象，可以用向斜面上增加沙袋的方式来维护。斜面的施工应该可控，以减少施工过程中产生的含沙量。在有可能的情况下，最好将沙袋直接放置在南泉河底部的岩床之上，在沙袋和岩床之间尽量不出现或少出现沉积物质。

4.3.3 底泥脱水

项目底泥全部采用重力脱水，底泥的排水是对脱水场地进行平整后，四周设置围堤（用砖石、混凝土筑成，$B_上$=1 m，$B_下$=4 m，H_{avg}=1 m），底部设置一定的排水坡度。

（1）脱水参数

结合小试试验和现场中试试验，底泥脱水前含水率平均为85%，密度为 1.02×10^3 kg/m³，脱水至 60%时进行加药搅拌，此时密度约为 1.30×10^3 kg/m³（图4-9）。

图 4-9　底泥脱水前后对比

（2）脱出水处理

河道底泥脱出水中主要污染物为重金属或类金属，产生的脱出水采用絮凝共沉淀法处理，这是目前处理含砷、镉废水用得最多的方法。该方法是借助加入（或废水中原有）Fe^{2+}、Al^{3+}和Mg^{2+}等，并适当调节pH，使其形成氢氧化物胶体吸附并与废水中的砷反应，生成难溶盐沉淀而将其除去。通过实验室小试试验，确定废水处置中仅加絮凝剂（图4-10、图4-11）。

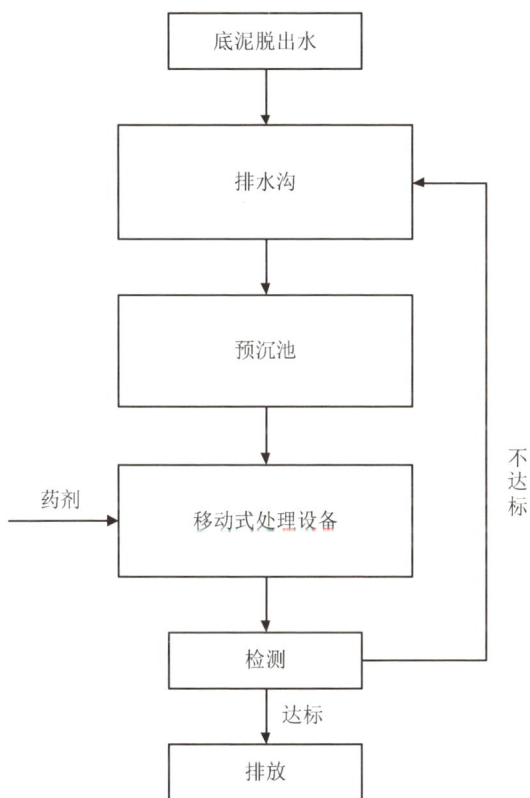

```
        ┌──────────────┐
        │   底泥脱出水   │
        └──────┬───────┘
               │
        ┌──────▼───────┐◄──────┐
        │    排水沟     │       │
        └──────┬───────┘       │
               │               │
        ┌──────▼───────┐       │
        │    预沉池     │       │不
        └──────┬───────┘       │达
               │               │标
  药剂  ┌──────▼───────┐       │
 ──────►│  移动式处理设备 │       │
        └──────┬───────┘       │
               │               │
        ┌──────▼───────┐       │
        │    检测      │───────┘
        └──────┬───────┘
               │达标
        ┌──────▼───────┐
        │    排放      │
        └──────────────┘
```

图 4-10 脱出水处理工艺流程

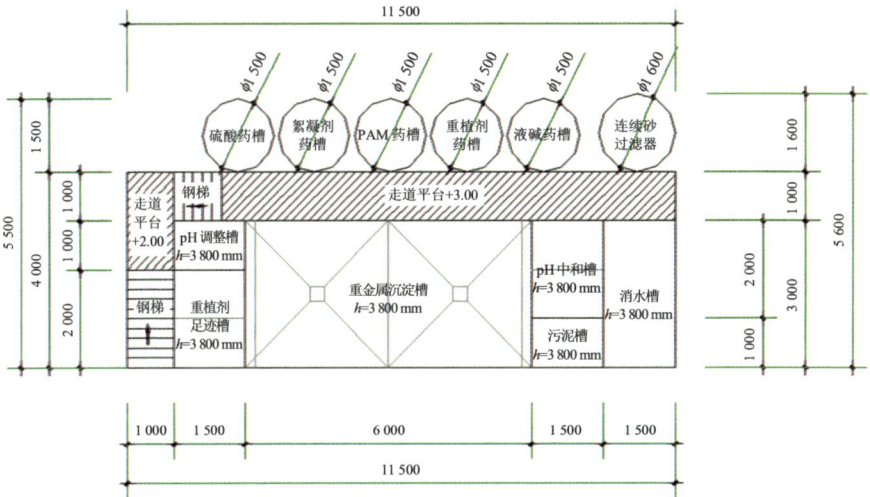

图 4-11　一体化水处理设备平面布置（单位：mm）

4.3.4　底泥固化/稳定化

重金属化学固化/稳定化技术（solidification/stabilization 或 chemical immobilization & fixation）作为一项永久性治理重金属污染的常用技术，自 20 世纪 80 年代以来，已在美国、欧洲、澳大利亚等国家和地区应用多年，现已广泛应用于处理含重金属废渣、土壤和淤泥沉积物、铬渣、汞渣、砷渣等领域的环境治理中。

重金属化学固化/稳定化技术通常包括固化和稳定化两个程序，其中，重金属稳定化技术，是指从污染物的有效性出发，通过形态转化，将污染物转化为不易溶解、迁移能力或毒性更小的形式来实现无害化，以降低其对生态系统的危害风险。而重金属固化技术，则通常是指通过物理作用微观上将污染物包裹在不透水或者渗透性很低的固态材料中，降低污染物与溶液的接触面积或接触量，从而限制污染物的迁移。

国内的固化/稳定化技术刚开始主要用于放射性核废料的管理和封存，随着近几年固体废物管理的逐步完善和土壤修复行业的兴起，国内开始消化和吸收国外已成熟应用的固化/稳定化技术。

目前国内固化/稳定化技术主要用于一般工业固体废物的阻隔填埋，市政/化工行业污泥的阻隔填埋，污染土壤的修复及阻隔填埋。北京高能时代环境技术股份有限公司长期从事填埋场建设、固体废物处置管理及污染土壤修复，是国内最早应用固化/稳定化技术的公司之一。

固化/稳定化技术具有以下优点。

①有效性：采用重金属稳定剂的稳定化技术可以有效修复多种介质中的重金属污染，其适用的 pH 极其宽泛，在环境 pH 为 2～13 都可以使用。全球通过固化/稳定化技术有效实现废渣或土壤治理的项目多达数千个。

②长期性：修复产生可长期稳定存在的化合物，即使长时间在酸性环境下也不会释放出金属离子，保证污染治理效果长期可靠。稳定化技术在国际重金属修复领域长期持续的应用，印证了其处理污染物后达到无害化的显著效果和工程应用的可靠性。

美国州际技术和法规委员会于 2011 年 7 月发布的《固化/稳定化效果评估发展技术导则》指出，在多家研究机构长期跟踪研究的 10 多个1989—2006 年完成的固化/稳定化项目中，技术有效性均达到原设计水平，模拟的结果也表明有效性可达数百年或更长。

③高效性：与重金属瞬时反应，可短期内大面积修复污染，处理量每天可达数千吨。

例如，美国 WESTON 公司分别于 2002 年和 2008 年成功完成得克萨斯州某空军基地治理项目和加利福尼亚州某前船坞治理与再开发项目，每天完成的土壤固化/稳定化处理量超过 3 000 t。

④实用性:固化/稳定化技术可以原位或异位修复污染,无须特制设备,对各种场地情况都有成熟的项目施工方案。相较于土壤淋洗、高温玻璃化、电动分离法等其他重金属污染修复技术,固化/稳定化技术经济实用性更佳。

⑤安全性:稳定剂无毒无害,不造成二次污染。稳定剂本身成分不含有重金属或其他危险化学物质。相较于其他处理技术所用药剂,固化/稳定化药剂安全性更好。

据相关资料统计,已完成的固化/稳定化处理项目中,尚无因为药剂安全性所产生的环境或安全事故。美国州际技术与法规委员会也定义了相关的固化/稳定化技术的使用安全规范,以确保该技术应用过程中合理规范地应用药剂,而不会产生新的安全与环境问题。

污染底泥固化/稳定化处理工艺流程如图 4-12 所示。

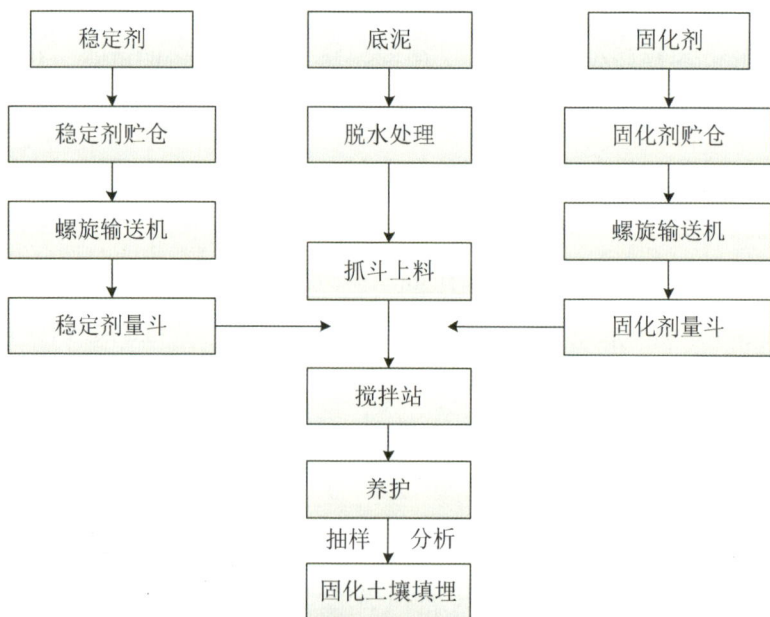

图 4-12　污染底泥固化/稳定化处理工艺流程

（1）污染底泥预处理

在重金属污染底泥修复之前，须进行的主要预处理工序是筛分破碎。底泥的筛分破碎拟使用国外生产或同类型的筛分破碎斗，除去其中的石块、树根、杂草、塑料垃圾等杂物。对于较大的土块采用人工破碎的方式进行处理。

（2）污染底泥处理

①污染底泥脱水后进行筛分破碎，将固结在一起的底泥打散破碎。

②复配药剂分批填装至搅拌装置的药剂斗中。混合土料与混合药剂填装完毕后，按小试试验报告结果添加药剂并开始搅拌，项目施工过程中租赁 1 台处理方量为 $600 \sim 1\,000\ m^3/t$ 的卧式双轴搅拌设备。

③搅拌完成后，根据养护情况确定时间，混合物在养护区中可养护 $7 \sim 14\ d$。

经固化/稳定化处置后的底泥，其重金属对环境造成危害的风险大大地减小，然而为了进一步对底泥进行安全处置，项目建设安全填埋场 1 座，以作为固化/稳定化后底泥的最终处置场所。

4.3.5 生态恢复工程

项目清淤完成后，在上游 3.84 km 处两侧岸坡进行生态护坡建设，堤岸绿化植物以草皮为主，草皮护坡具有绿化效果好、绿化覆盖率高、造价相对较低、景观效果好、透水性良好且不会造成坡体变形等优点（图 4-13）。

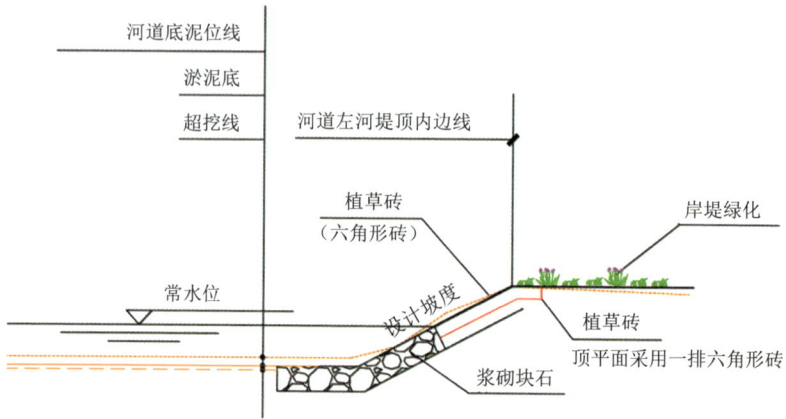

图 4-13　生态护坡建设示意图

工程施工分以下工序进行：

施工准备→测量放样→浆砌块石建设→六角形砖铺设→表土铺设→草皮铺设→完工清理→管理与养护。

（1）绿化工序

草皮选购→种植→浇水及施肥→管理与养护。

（2）施工材料

草皮：选种生产快，耐旱、耐高温、耐水淹、耐贫瘠、耐酸性、耐碱性，能安全越冬的草种。同时要求护坡草坪根系发达、强劲、密集交叉、覆盖性好。

（3）施工要求

①地表面：按照表土铺设的施工要求进行地表面的整理和准备。

②草皮的选购与运输：选购的所有草种应符合现行关于植物病害及昆虫传染的法律规定。

③种植：按水土保持工程布置的要求，标出种植地段、位置及品种轮廓，并进行放样。除平铺以外，在边坡较高较陡之处也可铺设，即在

坡脚处向上钉铺,用小尖木桩或竹签将草皮钉固在边坡上,种植后应进行浇灌。

④播种结束后,及时清理播种过程中产生的垃圾、废物等,保证现场的干净、整洁。

⑤种植完成后,应进行浇水、施肥等养护工作,保证出苗成功率。发现有大面积区域没有出苗的,应及时补种。

4.3.6 生态浮岛建设

项目清淤完成后,分别在两处汇水湾建设生态浮岛,一方面有对水体进行自然净化的作用;另一方面为生物和微生物提供生存及繁衍的载体,促进南泉河流域生态平衡。

生态浮岛建设主要包括支撑连接材料、组式生物浮床和盆栽植物3部分,通过生物浮床在支撑材料上浮动,有效保障了丰水期及枯水期等不同水位高度时植物的生长条件,主要设置的水生植物包括千屈菜、水生美人蕉、黄花鸢尾3种(图4-14、图4-15)。

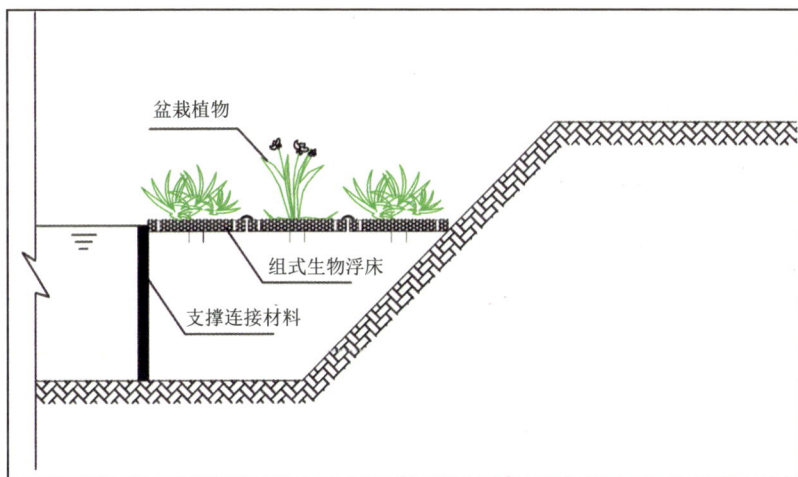

图 4-14 生态浮岛建设示意图

81

图 4-15　生态浮岛现场

4.4　预警平台应用

4.4.1　建设目标

为进一步获取流域重金属污染源及迁移释放数据，初步构建南泉河流域重金属污染预警自动平台和预警软件系统，提高水质监测预警和应急监测能力、流域环境安全保障水平、突发环境事件应对技术水平。

通过进一步加强软硬件能力建设，系统的技术人员培训和软件平台试运行，构建实际应用的流域重金属污染环境预警平台，对于治理修复工程各阶段的重金属及下游汉江的水质安全起到切实有效的预警效果。

4.4.2 建设内容

流域环境风险预警系统包括流域砷污染来源及释放形态规律补充调查、流域环境风险分析、前期基础数据获取、软件平台概念模型构建、水质自动监测站建设、流域预警平台建设等。

（1）流域重金属污染应急预警平台基础数据获取

开展上游企业以及河流底泥等潜在重金属污染来源及贡献分析，基于南泉河流域河道地形条件、水文地质条件、气象条件、常规监测数据、在线自动监测数据等开展分析工作。初步摸清流域砷污染来源及砷的释放规律。

（2）流域重金属污染应急预警平台概念模型构建

在前期基础数据获取的基础上，开展流域环境风险分析、软件平台概念模型构建工作。设计用户使用界面，界定流域预警平台的功能和范围，开展用户需求分析和平台开发使用的前期准备工作。

（3）流域重金属污染应急预警平台硬件和网络配置

主要性能指标包括水质五参数（温度、浊度、pH、电导率、溶解氧）、砷等（表4-1），还应包括流量和流速等水文参数。

表4-1 水质自动监测分析仪器主要性能指标

序号	分析项目	分析方法	检出限
1	温度	Pt100 电阻温度法	0.1℃
2	浊度	光透射法	1NTU
3	pH	玻璃电极法	0.1

序号	分析项目	分析方法	检出限
4	电导率	交流阻抗法	0.01 mS/cm
5	溶解氧	溶氧膜电极法	0.2 mg/L
6	砷	分光光度法	0.002 mg/L

构建网络传输终端和接收端硬件平台，搭建运行稳定的数据获取和传输的网络平台体系。

（4）流域重金属污染应急预警平台软件集成开发

初步开发流域水质预测预警模型，构建软硬结合的重金属污染环境应急响应和预警平台。构建南泉河流域基础数据库系统、地理信息系统、空间数据库系统。形成基于网络的在线检测数据实时传输和计算功能。

（5）流域重金属污染应急预警平台模拟案例和使用操作

开展汛期突发事件的流域预警平台模拟演练，编制软件操作指南，进行管理和技术人员培训，编制培训教材和培训视频。

4.4.3 自动监测站的设置

综合考虑构建水质自动监测站 1～2 座，主要性能指标包括水质五参数、砷等，还应包括流量和流速等水文参数。通过现场勘查和设计方案讨论，获得以下站点施工和管理约束条件。

①水文条件：季节性河流，流速变化大。

②水质条件：无富营养化，伴有浮游植物。

③水工条件：站址处的闸门采用单边人字闸，其站址周围原则上不允许建设明显凸出地表以上的测控建筑物。

④水、电及交通条件：拟建水质站，站址地处公路附近，交流电和

自来水可以接入现场。

⑤通信条件：站址 GSM 网络完全覆盖，并且设计规划将宽带光纤接入站址。

⑥安防条件：若站址地处野外，无人居住和值守，设置安防系统。

⑦项目管理条件：业主希望在满足水污染事件预警的条件下，控制建设成本以及水质站后期的运行和维护成本。

根据以上的建站现场及约束条件，考虑水质站的技术原理、集成方法和设备配置等多重因素，经过综合技术分析，给出以下设计方案。

①水质站点布设：根据对上下游水质的全面控制需要，布设水质站点。

②站点功能的整合：水质自动站应同时接入节制闸前后的河道水位以及视频和安防设备，避免重复建设。

③水质站类型选择：水质自动站属于典型的地表河道型监测断面。因此，按照重金属水质自动站的标准设计方案，自动采水取样方式，配置完善的反冲洗和除藻措施，除藻方式对河道无二次排放污染。

④水质在线分析设备选型：根据水质站仪器设备选型和配置不同，分为水质自动监测站和水文水力自动监测站。项目水质（定量）自动监测站需要配置水质五参数，站点建设成本较高，运行和维护成本也高，需要站房和空调设备。水质（定性）自动监测站仅需要野外一体式机柜，不需要空调设备，可配置多参数水质传感器。

⑤总体建站成本优化：为了控制总体建站成本，规划建设 2 个水质（定量）自动监测站，用于河道上下游水质在线分析和传输扩散分析。建设 1 个水文监测站，测量流速和流量。

4.4.4 站点设置原则

①企业排放口设置：根据南泉河流域6家涉重企业排放口设置点位，兼顾样点污染代表性和采样效率。

②污染均衡性：考虑污染样点和敏感点的相对位置合理布点。

③交汇口原则：涉及水塘及交汇口处，选择代表空间性污染情况。

④重点突出原则：对上中游污染较重的重点区域、敏感区域加密布点。

⑤考虑地形地貌：舍弃海拔高度大于 1 000 m 以上，或者坡度大于25°的点。

⑥水力学迁移原则：在修复治理过程中，以扰动泥沙携带重金属污染物最大运移距离为底线，采用分段二分法进行布点。

⑦丰枯水期差别原则：根据水力学计算结果，以不同时期泥沙携带重金属污染物最大运移距离为底线，采用分段二分法进行布点。暴雨及洪水期可在关键点位加密。

4.4.5 水力学参数计算

河流平均含沙量是计算河流与底泥污染物交互迁移的重要参数，由于缺乏实测泥沙数据和相应水文资料，本书采用经验公式法计算河流平均含沙量，结果为 2 877.5 mg/L。公式如下：

$$\bar{\rho} = 10^4 \alpha \sqrt{J} \tag{4-1}$$

式中，$\bar{\rho}$ 为平均含沙量，mg/L；α 为侵蚀系数（南泉河流域属于山区冲刷较剧烈区域，取 6）；J 为河流平均比降，‰（南泉河平均比降为 2.3‰）。

泥沙颗粒相关参数取值见表 4-2。

表 4-2　泥沙颗粒相关参数取值

参数	取值	参数	取值
颗粒直径（d_p）/mm	0.05	水密度/（g/cm^3）	1
颗粒密度/（g/cm^3）	1.76	水运动黏度系数（v）（20℃，10^{-6} m^2/s）	1.007

使用 Stoke's 公式计算河流中泥沙沉降速率（V_s）：

$$V_s = \frac{8.64g}{18\mu}(\rho_p - \rho_w)d_p^2 \qquad （4-2）$$

式中，μ 为水的绝对黏度，20℃为 0.01 g/（cm^3·s）。计算得到 Stoke's 沉降速率为 0.001 04 m/s。利用式（4-2）计算颗粒沉降速率（deposition），其中 d_p 为沉降概率，在淤积河段中取 0.25，由此计算得到南泉河泥沙沉降速率为 22.37 m/d。

利用泥沙的垂直沉降速率和河流深度（α_D）可以计算出泥沙垂直沉降到河底所需要的时间（w_D），结合流域内不同河段丰水期和枯水期流速（v），可以估算不同时期、不同河段的输沙距离（d）：

$$w_D = V_s \times \alpha_D \qquad （4-3）$$

$$d = \frac{h}{w_D} \times v \qquad （4-4）$$

4.5　项目效益

南泉河重金属污染治理工程是基础建设工程，实施该工程将大大改善南泉河流域的生态环境质量，改变因砷污染造成的地表水污染现状，

提高饮用水水源地安全性和水资源的利用效益。

南泉河流域河道生态修复,既达到了防洪要求又恢复了河道的生态自净功能,进一步改善了南泉河流域的水质;底泥异位修复主要是社会公益性工程,其效益不在于明确的直接经济效益,而在于巨大的环境效益和社会效益及长久的间接经济效益。

项目对疏通河道、加固河堤、绿化美化河岸,进一步改善了生态环境,涵养水源,植被盖度得到大幅提高,防冲刷能力增强,起到了蓄水保土、净化水质的效果。生态平衡得到加强,增加绿色植被,对农业可持续发展具有重要意义,同时为其他产业的发展提供了良好的条件。通过底泥修复工程,引导村民减少污染物排放,对进一步改善生态环境,形成村容卫生、村民健康的新农村起到积极推动作用。

工程施工完成后,极大地改善了整个南泉河流域的水质状况,对汉江流域的保护有重要意义,因砷污染造成的跨区域性地表水污染状况将得到解决。南泉河流域上游底泥平均砷含量约为 118.6 mg/kg,含砷量约为 1 012.3 kg,中游底泥中平均含砷量约为 40.4 mg/kg,含砷量约为 3 554.4 kg,下游底泥中平均含砷量约为 60.6 mg/kg,含砷量约为 5 403.9 kg,总含砷量约为 9 970.6 kg,项目实施累计削减砷约为 8 475.1 kg。南泉河流域上游、中游及下游底泥中平均镉含量分别约为 11.9 mg/kg、9.4 mg/kg、8.2 mg/kg,总含镉量约为 2 539.7 kg,项目实施累计削减镉约为 2 158.7 kg。

5

农田示范

5.1 钟祥市农用地总体概况

随着现代工业的飞速发展，"重金属污染"开始进入人们的视线，土壤成为重金属污染的最终"承受者"，而作为农业活动载体的土壤资源之一的耕地，成为重金属污染的"重灾区"。据《全国土壤污染状况调查公报》，我国耕地环境质量堪忧，点位超标率高达 19.4%，主要污染物为有毒重金属元素。我国受重金属污染的耕约占总耕地面积的 1/5。后续的严重影响是，重金属污染元素伴随其他营养物质被农作物根系吸收，结出有毒果实进入食物链，最终人类的身体成为毒素的富集区。湖南新马村镉污染、甘肃水阳乡铅污染、湖南岳阳县砷污染等，此外还出现了癌症村，如广东翁源县上坝村、云南陆良县兴隆村等，究其原因，最主要在于相关法制的不完善。

党中央、国务院高度重视农田土壤环境质量保护工作。2017 年中央一号文件中要求，深入实施《土壤污染防治行动计划》，继续开展重金属污染耕地修复及种植结构调整试点。国务院于 2016 年 5 月 28 日印发《土壤污染防治行动计划》，明确要求切实加大保护力度，着力推进安全利用，全面落实严格管控，有序开展治理与修复。针对典型受污染农用地、污染地块，分批实施 200 个土壤污染治理与修复技术应用试点项目，于 2020 年年底前完成。国务院批复的《农业环境突出问题治理总体规划（2014—2018 年）》和《全国农业可持续发展规划（2015—2030 年）》，均将农田重金属污染防治列为重要内容。《国务院办公厅关于印发近期土壤环境保护和综合治理工作安排的通知》（国办发〔2013〕7 号）和环境保护部《关于贯彻落实〈国务院办公厅关于印发近期土壤环境保护和综合治理工作安排的通知〉的通知》（环发〔2013〕46 号）中要求，各地要结合本地实际情况，按照"风险可接受、技术可操作、经济可承受"的原则，实施被污染耕地土壤污染治理与修复试点示范项目，探索适合本地的土壤污染治理与修复技术。在湖北省的系列规划和方案中，如《湖北生态省建设规划纲要（2014—2030年）》《湖北省农业可持续发展规划（2016—2030 年）》等文件中均强调了防治耕地重金属污染，建立农产品产地土壤分级管理利用制度等内容。当前，农田土壤重金属污染防治工作已有了清晰的时间表和路线图开展相关污染防治工作，推进相应试点项目的实施已迫在眉睫。

"胡双磷"地区共有基本农田 44.95 万亩，一般农田 12.87 万亩，合计 57.82 万亩，占钟祥市总的耕地面积 28.91%；胡集镇基本农田占三镇基本农田的比例为 50.06%，一般农田比例为 48.10%；磷矿镇基本农田占三镇基本农田的比例为 24.61%，一般农田比例为 24.71%；双河镇基本农田占三镇基本农田的比例为 25.33%，一般农田比例为 27.19%（图 5-1）。

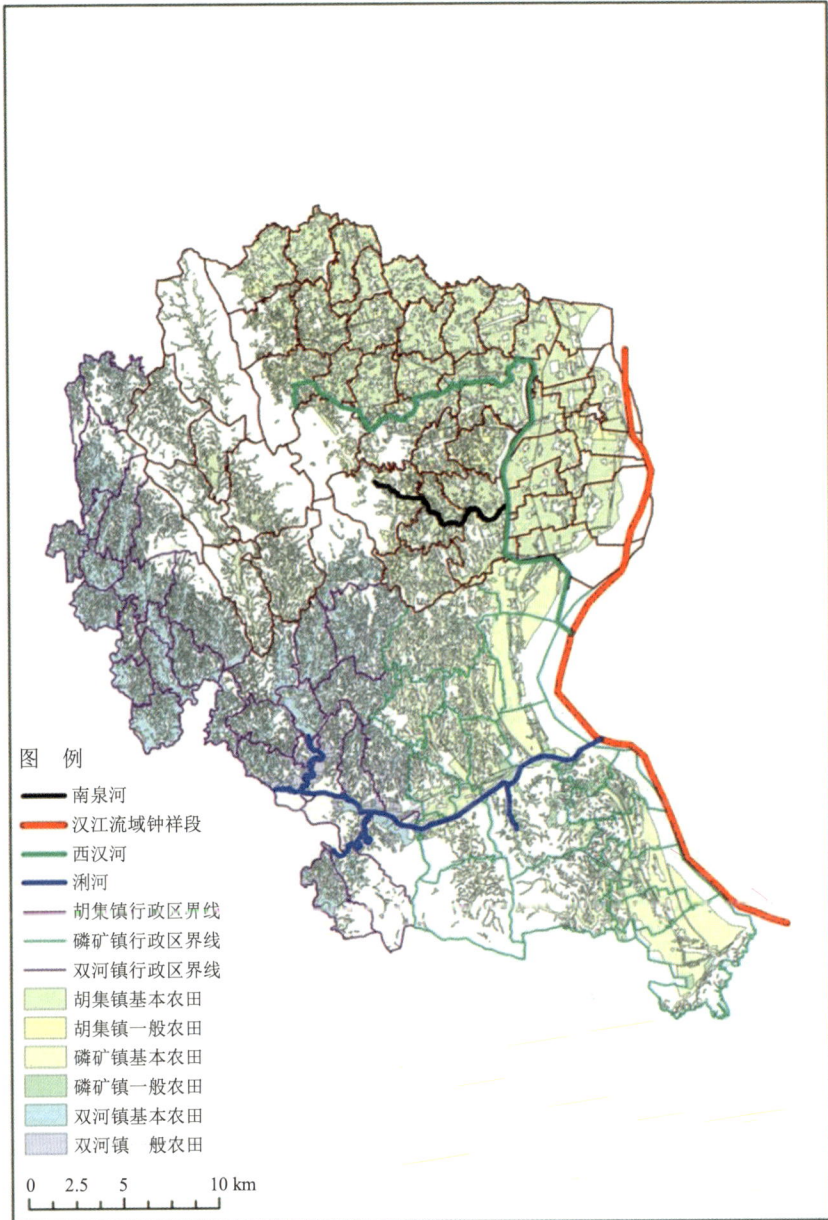

图 5-1　"胡双磷"地区农用地空间分布

图　例
南泉河
汉江流域钟祥段
西汉河
浰河
胡集镇行政区界线
磷矿镇行政区界线
双河镇行政区界线
胡集镇基本农田
胡集镇一般农田
磷矿镇基本农田
磷矿镇一般农田
双河镇基本农田
双河镇　般农田

0　2.5　5　　10 km

5.2 区域农田安全与利用

5.2.1 污染来源

2014 年，湖北省监测中心站对胡集镇、双河镇及磷矿镇企业周边共布设 33 个土壤监测点位，发现"胡双磷"地区的土壤污染问题主要为重金属的轻微、轻度及中度污染，超标的主要元素位为砷和镉。

土壤重金属对作物生产的危害主要体现在两个方面：一方面是对作物产生毒害作用致使作物减产，甚至绝收；另一方面是使农产品重金属含量超标，威胁人体健康。有研究表明，在类金属砷低浓度胁迫时，水稻、辣椒、红豇豆等较敏感的作物幼苗受毒害非常明显，生物量减少可达 10%以上；对镉敏感的作物有大白菜、油白菜、油麦菜、荠菜、小白菜等，毒害相应的最低浓度为 0.1 mg/L，处理 7 d 新叶失绿黄化。砷、镉可通过土壤-植物系统，经由食物链最终进入人体，影响人体健康。砷主要危害人的皮肤、呼吸、消化、泌尿、心血管、神经、造血等系统，可以诱发细胞染色体畸变、姐妹染色单体互换和微核的增加等 DNA 结构损伤的细胞学后果。镉被联合国环境规划署列为具有全球意义的 12 种危害物质的首位，可造成肾脏功能的损害，并影响钙、磷在骨质中的正常沉着和储存；干扰锌、铜、铁在体内的吸收和代谢而产生毒性作用，并可引起胎儿畸形或死亡。

《全国农业可持续发展规划（2015—2030 年）》中指出，长江中下游区以治理农业面源污染和耕地重金属污染为重点，确保农产品质量，巩固农产品主产区供给地位，加强耕地重金属污染治理，增施有机肥，实施秸秆还田，使用钝化剂，建立缓冲带，优化种植结构，减轻重金属污染对农业生产的影响。《农业资源与生态环境保护工程规划（2016—

2020 年)》中指出，南方耕地污染区重点是加强重金属污染源头防治，开展污染土壤治理，根据不同污染类型和程度，适宜性采取选育推广低积累品种、改种非食用作物或强化休耕管理等不同措施。"十三五"时期我国农用地分类管理和技术导则的发布，促进了安全利用技术的宣传与推广应用。2019 年 3 月 27 日，农业农村部发布了《轻中度污染耕地安全利用与治理修复推荐技术名录（2019 年版）》，列举了石灰调节、优化施肥、品种调整、水分调控、叶面调控及深翻耕等农艺调控类技术，原位钝化、定向调控等土壤改良类技术，微生物修复、植物提取等生物类技术以及 VIP+N 综合类治理技术。各地根据实际情况，因地制宜选用技术名录中的安全利用类措施与治理修复类措施。2019 年 11 月 1 日农业农村部发布《受污染耕地治理与修复导则》（NY/T 3499—2019），明确规定了受污染耕地治理与修复的基本原则、目标、范围、流程、总体技术性要求及受污染耕地治理与修复实施方案的编制提纲与要点，对贯彻落实《中华人民共和国土壤污染防治法》和《土壤污染防治行动计划》，科学规范指导我国耕地污染治理修复工作有重要意义。

钟祥市作为湖北省粮食主产区重点市（县、区）之一，是"国家农业产业化示范基地""全国农产品加工业示范基地""湖北省农产品加工园区""湖北省农业产业化示范园区"。"十三五"时期，钟祥市重点建设绿色农业体系，稳定粮食油料种植面积，积极发展优势特色产业，加快发展农产品加工业。实施新增千亿斤粮食产能田间工程项目，建成全国超级产粮大县，实现农产品加工产值与农业总产值之比达到 4∶1。农产品加工企业营业收入也已占钟祥市规模以上工业企业总收入的 40%以上。

钟祥市农业生产和农产品加工在当地国民经济中有着举足轻重的地位，其中农产品的质量安全，不仅影响着区域内人民群众的健康生活，

而且辐射周边县（市、区），影响范围广、辐射半径大、涉及人口众多。本书研究的开展，对进一步确保钟祥市典型区域农产品的质量安全不仅意义重大，而且影响深远。项目的研究内容是农用地土壤重金属风险管控的主要方向和技术手段，项目的开展将会提升生态环境部环境规划院相关工程方向上的技术硬实力。

胡集镇中轻度污染农田面积略高于磷矿镇，胡集镇总污染面积为6.39万亩，磷矿镇为5.89万亩；双河镇中轻度污染农田面积最小，仅为1.69万亩。考虑到磷矿镇中轻度污染农田集中率最高，污染农田占到磷矿镇农田总面积的41.36%，是胡集镇的1.9倍、双河镇的3.6倍，初步选定磷矿镇华毅化工与鄂中化工周边农田作为开展调查的区域（图5-2）。

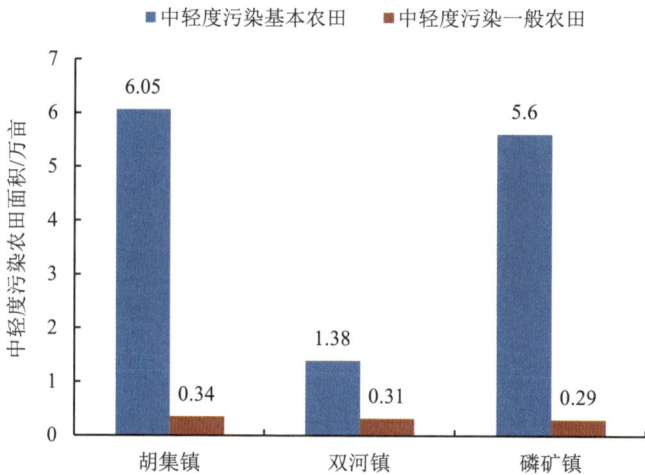

图 5-2　"胡双磷"地区中轻度污染农用地面积统计

5.2.1.1　污染源总体分布情况

钟祥市磷矿矿山占用保有资源储量为 512 120×10³ t，开发强度达到

79.76%，已经步入危机矿山接替资源找矿的行列。调查走访发现，调查区内对农田土壤产生污染的污染源为工业污染源，主要包括华毅化工、鄂中化工及大生化工排孔，其中调查区域位于污染源 3 km 影响范围内（图 5-3）。

图 5-3 污染源地理位置

5.2.1.2 工业污染源影响

磷化工企业在历史生产过程中存在的环境问题，主要有以下几个方面。

①大部分化工企业建设项目未执行环保设施"三同时"验收制度，环保设施与主体工程未能同时建设、同时投入使用。建设项目主体工程

一完工，未建环保设施就立即投入生产，环保设施都是边生产、边修建，有的甚至未建环保设施，直接利用原有的水坑、堰塘、沟渠作为废水循环池和处理池，致使企业在生产中产生的废水、废气、粉尘对周边环境造成严重污染。

② 部分企业在生产时产生的废气不能做到稳定达标排放。特别是硫酸企业在开停车和生产设备损坏时，超标排放二氧化硫和三氧化硫，对周边居民的生活和农作物生长造成很大的影响。有些元素（如砷、镉和铅）在高温加工过程中可产生气化现象，转化成氧化物并以微粒的形式冷凝。

③ 环保设施配套不规范。设备陈旧老化，处理效果不明显，特别是普钙企业，洗涤除氟设施简陋，如遇雨天和大气压低的天气，排放的氟化物就会对农作物造成污染，对人体健康造成危害。

④ 固体废物堆放，未修建标准的堆场。固体废物在运输过程中，运输车辆未采取防扬散、防渗漏措施，致使固体废物不断抛撒在道路上，日积月累，路面便积累了厚厚一层粉尘，车辆行驶时扬尘四起，给行人和在道路两边居住的居民造成很大影响。

5.2.1.3　灌溉用水影响

工业污染源排放的污染物经过南泉河、㴼河流入汉江，造成了汉江的污染。在农田灌溉时采用水质超标的地表水灌溉，进一步加重了农田重金属等污染的状况。

2014 年，湖北省环境监测中心站针对 41 个地表水点位中 13 种重金属的测定结果分析，地表水 As 最大值在祥福化工北边桥下，超标 5.2 倍，其次出现在东旱河和陈谷湾水库；Hg 的最大值出现在陈谷安水库，超标 1.8 倍，超标率为 24.4%；Mn 最大值出现在东旱河入南泉河前，超标 24.5 倍。另外，祥福化工北边桥下、北泉水沟与南泉河交汇处，西汉河与南泉河交汇处 Mn 的含量均较高，Mn 的超标率达 75.6%；Cd 中有 1 个点位超标，位于祥福化工北边桥下，超标率为 2.4%；Tl 的浓度有 4 个点位超标，超标率为 9.8%，超过最大超标率 8.7 倍；Pb 的浓度有 1 个点位超标，出现在祥福化工北边桥下，超标 1.7 倍，超标率为 2.4%。从灌溉用地表水角度分析，存在波动性的 As、Hg、Mn、Pb 等污染。

5.2.1.4　农业投加品影响

某些肥料（如磷肥）在生产中的大量施用，也会明显增加土壤中的 Cd、Cu 等元素的含量。当磷肥被施用于农田时，磷肥中的重金属也随肥料进入农田并逐步产生累积。Bricden 等的研究表明，过磷酸钙类肥料中含 Cd、Cr、V 和 Zn 等金属，其中镉含量明显高于典型农田土壤镉的对照值。Mortvetlt 等的研究表明，磷肥中的 Cd 的植物有效性，与磷酸氢镉或其混合物的植物有效性相似。Cd 通过施用磷肥向农田土壤输入的速率具有地区差异性，而这种差异性取决于区域的地理位置、磷肥产品的生产工艺，以及磷肥施用量。磷肥 Cd 主要来源于生产磷肥所用的磷灰石。磷灰石中 Cd 浓度因世界各地区的差异而有很大的不同。在岩石中，大部分 Cd 是以水不溶态的形式存在的，在磷肥生产过程中，Cd 可由水不溶态转变成水溶态，从而增加了植物吸收的有效性。湿法工艺生产磷肥或磷酸的加工过程，使磷矿石中 60%～90%的 Cd 和其他重金属残留在磷肥或磷酸产品中，其余的 Cd 进入废水或磷石膏中。

在其他农业生产活动中，如施用石灰、有机废物和污泥等也会增加农田土壤重金属的输入量。大量施用含 Cu、Zn、Cd 等重金属含量高的有机肥，是造成农田土壤污染的一个重要原因。此外，还有含 As、Zn、

Pb 等重金属（类金属）的农药施用，多地发现农田土壤中的 As 含量与 Pb 含量呈显著正相关关系。

5.2.2　污染耕地空间分类

5.2.2.1　风险分类方法

根据《全国农产品产地土壤重金属安全评估技术规定》（农办科〔2015〕42 号）、《土壤环境质量　农用地土壤污染风险筛选值和管制值（试行）》（GB 15618—2018）、《食品安全国家标准　食品中污染物限量》（GB 2762—2017）等标准规范，结合项目的农田污染概念模型，以保护食用农产品质量安全为主，兼顾保护农作物生长和土壤生态的需要，按照农用地土壤污染程度，结合农产品协同监测情况，开展风险评估，将农用地划分为优先保护类、安全利用 I 类（农产品超标）和 II 类（农产品暂未超标）、严格管控类，为下一步的农用地地块分类管理的实施提供科学合理的支撑。

具体划分方法：根据土壤污染情况的插值结果，再以农作物的检测结果进行修正，当土壤污染因子浓度小于筛选值且农作物不超标，则划为优先保护区；当土壤污染因子浓度超过土壤的风险管控值时目标区域属于严格管控区；其余区域为安全利用区。在安全利用区中，当农作物超过《食品安全国家标准　食品中污染物限量》限值，即划为安全利用区 I 类；当农作物未超标，但土壤污染因子超过筛选值但低于管控值时目标区域划为安全利用区 II 类（图 5-4）。

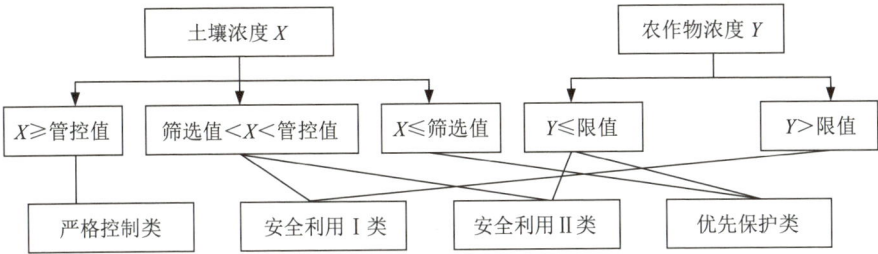

图 5-4　项目区农田分类技术路线

5.2.2.2　分类管理建议

针对优先保护类农田，以保护为核心，推进实施粮豆轮作、秸秆还田、合理施用化肥与农药、加强长期监控体系建设等措施。

针对安全利用Ⅰ类农田土壤，建议采用"钝化+低积累作物替代种植+农艺调控"的措施开展治理与修复。

针对安全利用Ⅱ类农田土壤，为防控潜在的风险，建议采用"钝化+农艺调控"的措施开展治理与修复。

针对严格控制类农田，充分响应国家与湖北省相关政策要求，实施种植结构调整，建议改种经济作物，确保当地农户的基本经济利益。

5.2.3　污染物迁移转化机制

5.2.3.1　有效态分析

通过对土壤中重金属有效态与对应重金属总量，土壤重金属有效态与农作物中重金属含量进行相关性分析（表 5-1、图 5-5、表 5-2）。

表 5-1　土壤中重金属有效态检测结果　　　　　单位：mg/kg

元素	平均值	中位数	标准差	范围
Cr	—	—	—	—
Ni	0.04	0.00	0.15	0.00~1.23
Cu	0.02	0.00	0.20	0.00~3.06
Zn	0.32	0.21	1.27	0.00~19.80
Pb	—	—	—	—
Cd	2.64×10^{-3}	0.00	0.02	0.00~0.34
As	0.11	0.00	1.11	0.00~17.54
Hg	7.02×10^{-5}	0.00	0.00	$0.00~1.41\times10^{-3}$

注：一代表该值均为未检出。

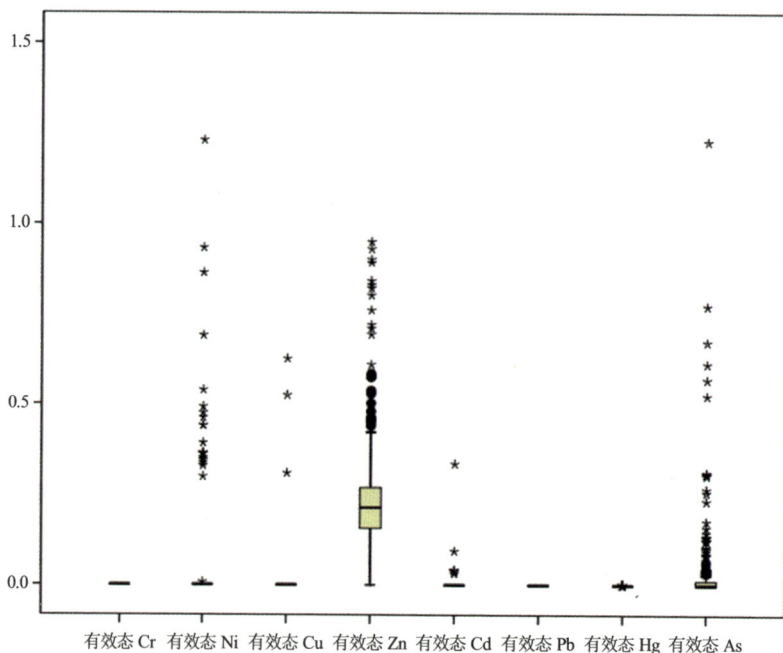

图 5-5　土壤重金属有效态含量箱线图

表 5-2　土壤中重金属与农作物中对应重金属总量相关性分析

相关系数 ＼ 元素	Cr	Ni	Cu	Zn	Pb	Cd	As	Hg
与重金属总量	—	−0.063	0.624	0.590	0.707	—	0.363	−0.047
有效态与农作物		−0.048	−0.052	−0.077	—	—	−0.023	−0.086
总量与农作物	−0.013	−0.013	−0.103	−0.124	0.056	−0.069	−0.017	−0.103

由表 5-2 得出，除 Cr、Ni、Cd 及 Hg 以外，农田土壤中重金属有效态含量与重金属总量呈显著正相关关系，因此，对于 Cu、Zn、Pb 及 As 来说，在土壤中的总量高，生物可利用部分就高。可以得出研究区农作物中重金属含量与农田土壤中的有效态重金属及重金属总量均无显著相关性关系。

5.2.3.2　pH、有机质及机械组成分析

pH 为 5～8 在微酸性至微碱性范围内，一般适宜种植农作物正常生长。从项目区土壤 pH 来看，与种植农作物的适宜标准比对，较适合玉米、稻谷及部分蔬菜的生长。同时，由于部分土壤 pH 偏酸性，导致 Cd 等污染物的迁移转化，建议在未来治理工程中进行适当调节。

总体上，有机质分布相对均匀，表层土壤机械组成以壤土和沙壤土为主，中层以砂质土壤为主，这与分布于河口两岸地理环境有关，同时说明重金属迁移转化程度较高（图 5-6、图 5-7）。

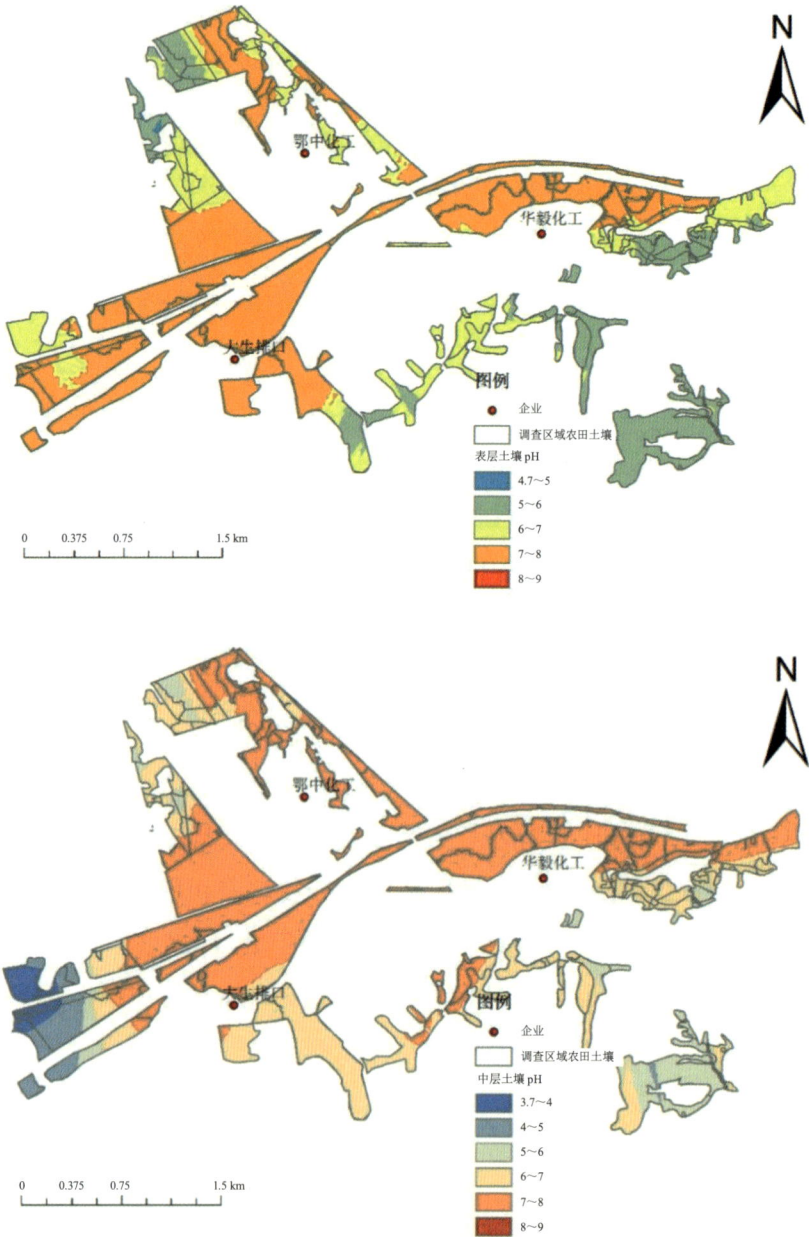

图 5-6　调查区表层及中层土壤 pH

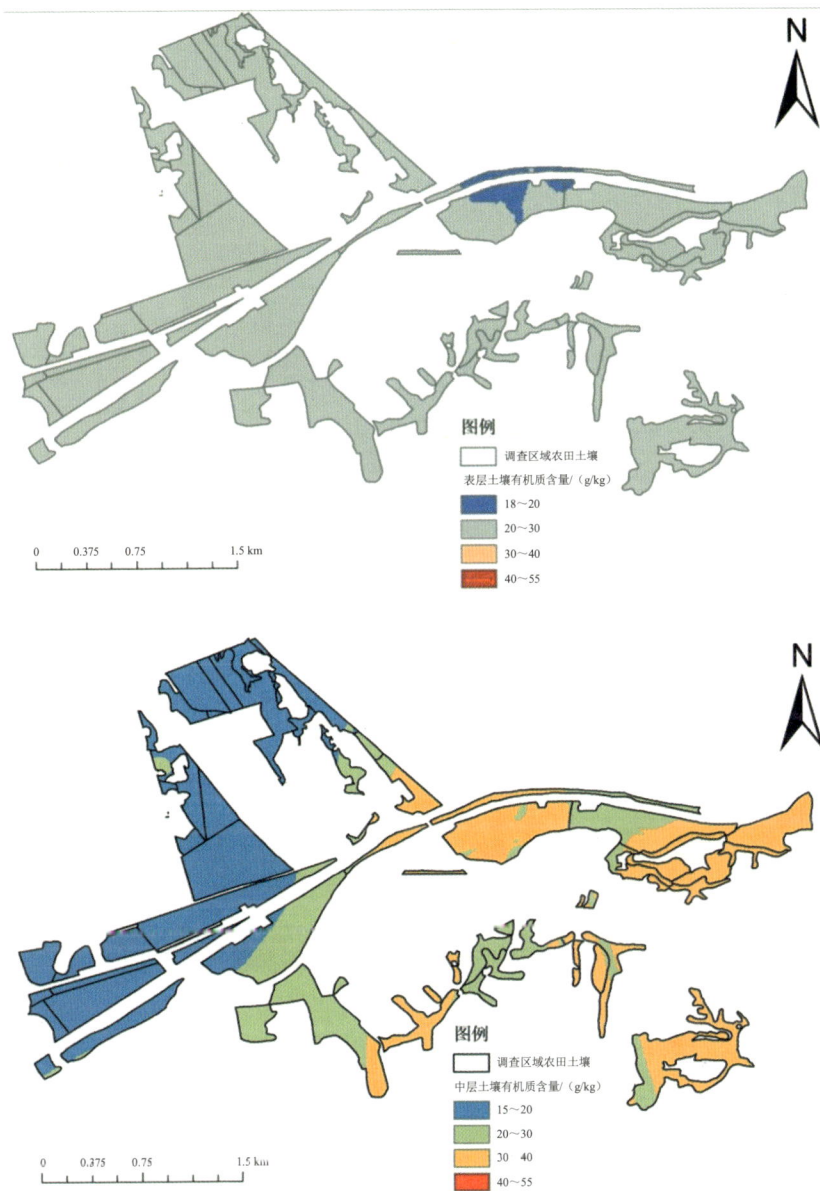

図 5-7　调查区表层及中层土壤有机质含量

5.2.4 污染成因分析

农用地生态系统中，重金属污染问题形成较为复杂。通过农田土壤污染调查结果分析，结合现场实际情况，利用正交矩阵因子模型（PMF）对重金属来源进行解析（图 5-8、表 5-3、表 5-4）。

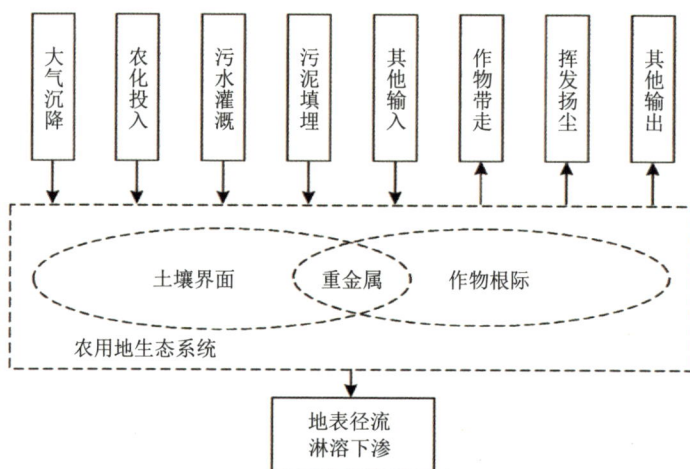

图 5-8 农田生态系统中重金属的循环过程

表 5-3 各重金属元素之间相关系数

相关系数	Ni	Cu	Zn	Pb	Cd	As
Cr	0.266	0.003	0.074	0.031	−0.013	0.022
Ni		0.493	0.320	0.189	0.229	0.135
Cu			0.878	0.728	0.909	0.656
Zn				0.778	0.894	0.677
Pb					0.782	0.685
Cd						0.804

表 5-4　PMF 解析出各污染物来源及贡献率

元素	源成分谱/（mg/kg）				源贡献率/%			
	因子 1	因子 2	因子 3	因子 4	因子 1	因子 2	因子 3	因子 4
Cr	80.5	0.0	0.3	3.8	95.1	0.0	0.4	4.5
Ni	45.4	0.2	0.1	6.9	86.2	0.5	0.2	13.1
Cu	34.9	2.1	3.0	9.0	71.2	4.4	6.1	18.3
Zn	79.1	24.5	0.9	28.1	59.7	18.5	0.7	21.2
Pb	0.0	0.1	0.0	0.4	0.0	20.3	0.0	79.7
Cd	11.9	33.2	0.0	0.0	26.3	73.7	0.0	0.0
As	4.2	4.8	32.6	0.0	10.2	11.5	78.3	0.0
源总贡献率					49.8	18.4	12.2	19.5

　　PMF 模型解析出的 4 个因子代表 4 种污染来源。由表 5-4 可知，因子 1 对 Cr、Ni、Cu 及 Zn 贡献率较高，其中 Cr 贡献率达到 95.1%。由污染分布图可以看出，这几种重金属的污染均集中在企业周边：鄂中化工西北部及华毅化工北部，且 Ni 与 Cu 分布较为广泛。由表 5-4 可以看出，Cr-Ni、Ni-Cu、Cr-Zn、Ni-Zn 及 Cu-Zn 之间呈显著的正相关性，表明这几种重金属具有　定的同源性，说明这几种重金属跟工业活动存在很大的关系，因此可以认为因子 1 即源 1 为工业污染源。

　　因子 2 对 Cd 的贡献率较高，达到 73.7%，因此认为 Cd 为因子 2 的标识元素。由污染分布图可以看出，Cd 污染主要沿着浰河分布在两岸农田，可能与废水排放及历史污灌有关，因此可以认为因子 2 即源 2 为历史污染源。

　　因子 3 对 As 贡献率较高，达到 78.3%，2014 年湖北省环境监测总站对企业周边 20 个大气样品监测点中 13 种重金属的测定结果显示，其中75%的点位As的浓度高于对照点,因此企业周边土壤As污染可能是由于大气沉降造成的;同时调查结果表明As污染程度较重,且污染深度较深,调查区为农田土壤,长期不当使用农药或磷肥会导致土壤中As大量积累,因此因子3即源3为农业污染源和大气沉降综合污染源。

因子4对Pb的贡献率最高,达到79.7%,因此认为Pb为因子4的标识元素。由Pb污染分布图可以看出,Pb污染主要分布在华毅化工东北小块区域,Pb是汽车尾气尘的标识元素,因此因子4即源4可能为交通源。

以上各污染源对农田土壤重金属污染的贡献率为工业污染源的49.8%,本书工业污染源主要包括华毅化工、鄂中化工及大生化工;历史污染源贡献率为18.4%;农业污染源和大气沉降综合污染源为12.2%;交通源为19.5%。

5.2.5 实施过程

针对钟祥市典型重金属污染农田区域,结合断源阻控和辅助监测体系的建设,落实分类管理的思路(图5-9)。

①针对优先保护类农田,以监管保护为核心,采取粮豆轮作、合理施肥、合理施用农药等措施,确保面积不减少、土壤质量不下降。

②针对安全利用类农田,区分农产品超标情况,针对农产品超标的Ⅰ类区,通过"钝化治理与修复+农艺调控+低富集作物替换种植"的组合技术,确保农产品的稳定达标。

③针对农产品未超标的Ⅱ类区,通过"钝化治理+农艺调控"的组合技术,确保农产品的稳定达标。

④针对严格管控类农田,以禁种可食作物为核心,实施种植结构调整,改种苎麻等经济作物,从而降低土壤环境中的污染物经食物链危害人体健康的风险与途径,最大限度地保护当地农户的经济权益。

⑤针对杨春湖塘内污水，通过全部抽出，异位采用一体化移动水处理设备处置达标后进行自然排放。

⑥针对杨春湖坑塘底泥，通过将坑塘内的污染底泥全部清挖后进行原位稳定化处理，降低重金属的迁移性，实现对砷的稳定化治理；通过人工湿地建设和表面绿化，实现杨春湖生态恢复。

⑦搭建包括灌溉水质及排水在线自动监测、空气污染物监测、农业投入品长期监测等方面的监测体系，保障工程实施及后期监测监管。

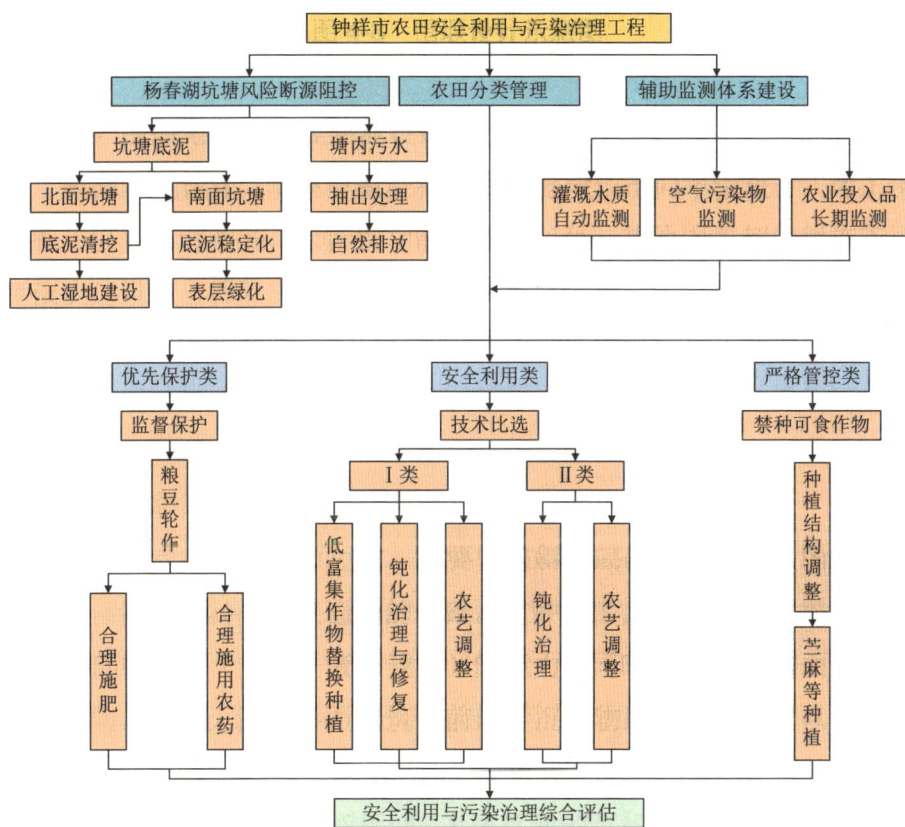

图 5-9　钟祥市农田安全利用与污染治理流程

5.2.5.1 安全利用类耕地的关键控制技术筛选

风险分类将安全利用区定义为"农产品超标或土壤污染因子超过筛选值但低于管控值"的区域，根据农产品是否超标，进一步划分为Ⅰ类区（农产品超标）和Ⅱ类区（农产品暂未超标）。

因此，提出安全利用区的治理目标，即消除农产品中重金属超标的情况，实现农产品质量达标。土壤污染治理主要以降低农田土壤中重金属活性为目的，因此，提出该区域农田修复目标为修复后土壤中各重金属生物有效态含量有效降低，以保障农产品质量稳定达标。

目前适用于农田土壤治理修复的技术主要有植物修复、土壤钝化、土壤淋洗、客土法、电动力修复技术、农艺措施、种植结构调整等。

5.2.5.2 治理与修复技术筛选

上述各项备选土壤治理修复技术优缺点及结合项目的考虑如表 5-5 所示。

表 5-5　各项备选土壤治理修复技术的特点

技术名称	可接受性		可操作性		修复效率		修复时间		修复成本		总分	评价结果
	评述	评分	评述	评分	评述	评分	评述	评分	评述	评分		
植物修复	可接受	3	类似工程有应用，可操作	3	时间要求较长，要定时对场地进行监测，一般有效	2	长	2	中等	3	13	适用
土壤钝化	完全可接受	4	有类似的工程经验，可操作性强	4	修复效率较高，在短时间内能见效，高效	3	中等	3	中等	3	17	适用

技术名称	可接受性		可操作性		修复效率		修复时间		修复成本		总分	评价结果
	评述	评分	评述	评分	评述	评分	评述	评分	评述	评分		
土壤淋洗	不能接受	0	土壤淋洗后，影响土壤有机质等含量，勉强可操作	2	效率较高，能短时间去除重金属污染物，高效	3	中等	3	中等	3	11	不适用
客土法	不能接受	0	当地土壤较少，难以寻找合适土源	0	修复效果较好，能够快速达到效果，非常高效	4	短	4	非常高	1	9	不适用
电动力学修复技术	不能接受	0	操作性差	1	修复效率较低，见效慢，一般有效	2	长	2	高	2	7	不适用
农艺措施	完全可接受	4	可以和种植作物一起实施，可操作性强	4	不能去除重金属，但能降低重金属的浸出量，一般有效	2	长	2	低	4	16	适用
种植结构调整	完全可接受	4	有类似工程应用，可操作性强	4	不能去除重金属，只能减少作物中重金属含量，一般有效	2	长	2	中等	3	15	适用

评分标准：①可接受性：考虑修复技术与污染场地目前（或未来规划）的使用功能，与国家相关法律规范要求的相符性，公众可接受程度等。4-完全可接受；3-可接受；2-勉强可接受；1-局部可接受。②可操作性：考虑修复技术的可操作性，是否会对场地产生不良影响、是否在类似场地应用过等。4-可操作性强；3-可操作；2-勉强可操作；1-局部可操作。③修复效率：评估修复技术修复效率的高低，即去除污染物的难易程度。4-非常高效；3-高效；2-一般有效；1-效率很低。④修复时间：所估算的修复时间。4-短；3-中等；2-长；1-非常长。⑤修复成本：所估算的总成本。4-低；3-中等；2-高；1-非常高。

考虑各种修复技术的适用性、局限性、资金水平及成熟性等，并结合项目场地水文地质条件、场地土壤污染特征，比选后提出了适用于项目农田土壤污染治理的技术有土壤钝化、农艺措施、植物修复、种植结构调整等。在实际修复过程中，可选择其中一种方式进行治理，也可选择其中几种修复技术进行综合治理。

综合考虑，建议安全利用 I 类区采用"钝化治理与修复+农艺调控+低富集作物替换种植"的措施开展治理与修复，建议安全利用 II 类区采用"钝化治理+农艺调控"措施。

5.2.5.3 区域典型低积累作物筛选

前期在调查过程中，通过增加现场采样人员与设备、节假日抢工期等手段，成功在 2018 年度作物收割前协同采集区域典型性农作物样品 111 个，对于低积累作物品种的筛选同样具有极强的指导意义（表 5-6、表 5-7、图 5-10）。

表 5-6　农作物样品超标率统计　　　　　　　　　　单位：%

元素	玉米	叶菜类	根菜类	稻谷	豆类	瓜果类
As	0	4.5	0	17	0	0
Hg	5.9	4.5	0	4.3	12.5	21.5
Cd	0	0	0	0	0	0
Cr	7.7	67.0	16.67	8.6	0	57.0
Pb	0	0	0	12.9	0	0
Ni	0	19	0	4.3	25	0

表 5-7 农作物样品超标个数统计　　　　　　　　单位：个

元素	玉米	叶菜类	根菜类	稻谷	豆类	瓜果类
As	0	1	0.0	3.9	0	0
Hg	2	1	0.0	1.0	1	3
Cd	0	0	0.0	0.0	0	0
Cr	3	15	1.0	2.0	0	9
Pb	0	0	0.0	3.0	0	0
Ni	0	4	0.0	1.0	2	0
样品总数	34	23	6.0	23.0	8	15

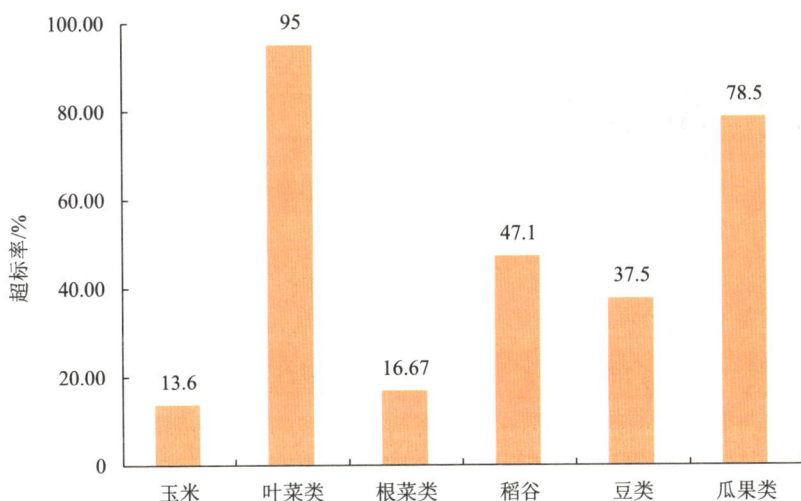

图 5-10 各种作物整体超标率情况

从超标的污染物类型来看，砷超标仅存在于稻谷和叶菜类蔬菜中，且稻谷超标率大于叶菜类蔬菜；汞、铬超标情况较为普遍，汞仅在根菜类蔬菜中未超标，铬仅在豆类中未超标；铅仅在稻谷中存在超标情况，镍超标存在于叶菜类蔬菜、稻谷和豆类中。

111

从作物超标的情况来看，叶菜类蔬菜超标最为严重，超标率达95%，超标污染物为砷、汞、铬、镍4种。瓜果类超标情况次之，超标率达78.5%，超标污染物为汞和铬。稻谷的超标率达47.1%，超标污染物为砷、汞、铬、铅、镍5种。豆类存在汞、镍的超标，超标率达37.5%。根菜类蔬菜仅有铬超标的情况，超标率达16.67%；玉米的超标率最低，仅达13.60%，超标污染物为汞、铬。

综上所述，针对区域安全利用区农田土壤，经过采集当年农作物可食用部分进行检测，初步筛选发现玉米富集重金属能力最低，但还需开展进一步详细分析（表5-8）。

表5-8　低积累作物品种筛选

污染类型	玉米	叶菜类	根菜类	稻谷	豆类	瓜果类
Pb	√	√	—	×	√	√
Ni、Pb、As	√	×	—	×	×	√
Ni、As	√	×	—	×	×	√
Ni	√	×	—	×	×	√
Hg	×	×	—	×	×	×
Cr、Ni	筛选1~3种低积累的玉米（当前玉米铬的超标率<10%）					
Cr、Hg、Ni、Pb	筛选1~3种低积累的玉米（当前玉米汞的超标率<10%）					
Cr	×	×		×	√	×

5.3　重金属污染耕地补偿政策

5.3.1　严格管控区补偿结果

根据本次农田类别划定结果，严格控制类农田，位于华毅化工北侧

112

区域，面积为 84.2 亩，通过实施种植结构调整，改种经济作物，确保当地农户的基本经济利益。

通过跟踪了解，农民永久转让耕地当地市场价约为 8 万元/亩，经济成本较高，地方政府或项目施工方无力承担。最终，项目实施方以每年 2 000 元/亩价格租用严格管控区耕地，引导当地农户种植苗木，连续 2 年地价补偿 4 000 元/亩，此外还包括苗木幼苗与管护化肥等的采购费用，苗木最后产生经济价值归耕地农户所有。

严格管控区耕地补偿较高，主要因素为农户可接受程度和缺乏有效组织管理。目前国内耕地补偿各地区差异较大，尤其受当地农户意愿影响不确定性较大，本次研究主要开展相关政策的调研。

5.3.2 耕地补偿理论基础

重金属污染耕地修复生态补偿机制是研究生态补偿各组成主体和部门之间相互联系、相互作用、相互影响的规律，为了使重金属污染耕地修复生态补偿顺利实施，把各个构成主体和部门有机联系到一起所必需的特定运行方式和路径。该机制是以修复耕地生态系统出产合格农产品的功能为目的，以调节利益相关者（如政府、第三方企业、村组、合作社、大户、农户）的利益分配关系为对象，具有经济激励作用的一种制度安排。

5.3.2.1 生态价值理论

土地是陆地生态系统的载体，人类的一切经济社会活动都离不开土地；另外，人类活动同时会干扰生态系统，影响其服务价值的实现，这也是导致土地生态问题的主要原因。生态价值是指环境价值中无形的功能性服务价值。土地生态系统中各种要素都具有特定的生态服务功能

（如森林具有生产有机物的价值、涵养水源的价值、保土的价值、纳碳吐氧的价值、生物多样性的价值和净化环境的价值等）。耕地是一种不可再生资源，承担着国家粮食安全的重任，也承载着维护生态安全方面的重要作用，其生态价值是指耕地及耕地上的植物构成的生态系统具有的生态价值，包括调节气候、净化与美化环境、维持生物多样性等方面的价值。

长期以来，人们只关注耕地的经济价值，忽略了它的生态价值，导致耕地土壤环境问题日益突出。在全国开展生态文明建设的今天，耕地生态是最基础，且与广大人民群众生活生产关系最为紧密的一个方面。耕地的生态服务功能必须进一步提升，耕地的生态价值必须得到重视，对被污染的耕地进行整治不但可以提升耕地出产优质农产品的功能，对于其生态服务功能也大有裨益。

5.3.2.2 公共产品理论

纯粹的公共产品，即每个人消费这种物品不会导致别人对该种产品消费的减少。而且公共产品具有与私人产品显著不同的 3 个特征，即效用的不可分割性、消费的非竞争性和受益的非排他性。耕地生态系统的改善是使全社会受益的事，具有公共产品的属性。耕地生态系统的公共产品属性决定了其面临供给不足、过度使用等诸多问题，政府干预是解决公共产品的有效机制。也就是从理论上来讲，受污染耕地安全利用需要政府进行干预，实施修复管控或生态补偿，并进行有效的组织和监督。另外，由于公共产品是为整个社会服务的，耕地生态系统修复是造福整个社会的，政府主导虽然最有效果，但只有全民参与才能持久体现公共价值。

5.3.2.3　外部性理论

外部性是某个经济主体对另一个经济主体产生的一种外部影响，而这种外部影响不能通过市场价格进行买卖，可能产生好的（正外部性）或坏的（负外部性）影响。重金属污染耕地治理修复或严格管控是具有较大正外部性的行为，这是由于耕地不但具备经济价值，而且具备极大的生态价值。由于这种外部性的存在，有必要发挥政府干预和市场机制的作用，实施耕地修复管控或生态补偿，并且建立使生态补偿的效率最大化的运行机制。

5.3.2.4　可持续发展理论

可持续发展理论常用的表述为"既满足当代人的需要，又不损害子孙后代满足其自身需求能力的发展"，确保人口、资源、环境、社会与经济的协调发展。土地资源为人类的生存生产和社会经济的发展提供了物质基础，其可持续利用关乎人类是否能够可持续发展，关系子孙后代的切身利益。实现土地利用的可持续性，是土地利用系统演化的目标，也是形成良性土地利用系统的必然要求。因此，在土地利用过程中，必须以可持续发展理论为基础，科学指导土地利用系统，实现良性发展。针对重金属污染严格管控类耕地的补偿，目标之一就是通过修复耕地土壤或调整耕作制度，完善重金属污染耕地修复管控技术体系，满足经济可行性和社会可接受性的要求，同时更好地利用耕地资源，实现可持续利用。

5.3.2.5　激励理论

经济学认为人都是理性的，且对于信息能够充分掌握，因此能够通过激励来改变人的行为。激励理论认为，人的工作效率取决于工作态度，而工作态度与需求被满足的程度和激励因素密切相关。生态补偿机制本质上是一种以经济激励为手段的制度安排，通过改变激励因素，即调节参与耕地修复管控的各主体之间利益关系激发各主体的内在能动性，提高效率，使生态补偿的效果最大化。

5.4　耕地补偿标准体系的构建

耕地补偿标准的确定，是耕地生态补偿中争议最多的一项工作，同时是最重要的部分。补偿标准过低，则参与者没有积极性，导致生态补偿没有效果；补偿标准过高，则补偿主体的资金压力过大，最终导致生态补偿不能实施或持续。根据我国的实际情况，主要从以下几个角度确定补偿标准。

（1）成本角度

从成本角度考虑补偿标准，即考虑生态补偿对象的直接投入和机会成本。生态补偿对象为了保护生态环境，投入的人力、物力和财力等直接成本应纳入补偿标准的计算；同时，由于生态保护者要保护生态环境，牺牲了部分的发展权，这一部分机会成本也应纳入补偿标准的计算。这是一种较直接也较容易计算的补偿标准，目前长株潭（长沙、株洲、湘潭）地区重金属污染耕地修复生态补偿的标准既是从成本的角度考虑制定，也是以后制定补偿标准的最重要、最基本的一个维度。

（2）收益角度

从生态受益者的获利角度提出生态补偿的标准。生态受益者没有为自身所享有的他人提供的产品和服务付费，使生态保护者的保护行为没有得到应有的回报，产生正外部性。为使生态保护的这部分正外部性内部化，需要生态受益者向生态保护者支付这部分费用。

（3）生态价值角度

从生态系统服务的价值角度考虑生态补偿的标准，即基于生态系统服务功能本身的价值或修正后的价值来确定生态补偿的标准。这种角度的核心内容是采用环境经济学方法估算生态系统服务功能的价值，并利用估算的价值进一步确定生态补偿的标准。

从成本角度来考虑生态补偿的标准，较直观也较容易计算，是一种较普遍的补偿标准。但是对于遭受损失补偿对象来讲，这样的补偿标准常常不能弥补他们因为生态破坏而受到的利益损失和发展制约。这就需要后面两种补偿标准的补充，后两种方式能够较全面深入地反映生态变化对于补偿对象的影响，虽然目前存在计算方法不统一、计算难度大等问题，但作为以成本定标准的方法的一种有益替代，是今后制定生态补偿标准的重要着眼角度。

5.4.1　长株潭休耕模式借鉴

湖南省作为我国重要的粮食主产地区，粮食遍销全国，2013 年"镉大米事件"加速提升了人民群众对粮食安全的关注度，因此开展了休耕试点，这对其他地区的重金属污染耕地的防治也起到了积极的示范作用。

湖南省长株潭试点区以治理污染土壤为核心，遵循"休耕与治理相结合，休耕非弃耕非抛荒，休耕期农田基本建设和设施管护不停滞" 3 条基本原则。省、试点县、村组织三级分工协作，省农委、省财政厅负责休耕监督指导，试点县人民政府负责组织实施，村委会负责休耕期间休耕耕地统一管理，划清了责任分工。制定了 3 条治理路径：一是分类休耕，按土壤和稻谷中的重金属镉含量分为可达标生产区、管控专产区、作物替代种植区，休耕时间 2～3 年。可达标区为轻度污染区，采用"VIP

技术"控制治理，即"低镉品种（variety）+合理灌溉（irrigation）+调节酸度（pH）"；管控专产区为中度污染区，需要严格监控监测农产品质量；作物替代种植区为重度污染区，改种棉花、蚕桑、麻类、花卉等非直接食用、非口粮的农作物。二是边休耕边治理，休耕地统一实施使用石灰、深翻耕、种植绿肥、种植吸镉作物等重金属污染治理措施。三是加强耕地保护，休耕期间开展沟渠、田埂、机耕道等农田基础设施的维护、修整，保证休耕结束后能迅速恢复生产。

5.4.2 长株潭休耕补偿形式

（1）申请流程

采取农户自愿申请、村民小组汇总、村级统一申报、乡镇政府审核、市级农业和财政部门复核以及市政府审批的程序确定休耕耕地。具体要求主要包括：耕地应位于重金属污染耕地安全利用区内，耕地承包者或经营者自愿申请休耕，并同意在休耕期间将耕地的经营管理权交由村委会进行重金属污染耕地的治理式修复和维护活动；承诺休耕期间内遵守有关休耕的管理规定；同时以村或组为单元组织休耕，提出休耕申请的组90%以上耕地的承包者或经营者自愿申请休耕；申请休耕的村委会应同意以村委会作为休耕试点的项目实施主体，组织落实休耕的各项工作任务。

（2）补偿推进机制

长株潭地区将耕地修复生态补偿的推进机制总结为政府行政推进型和第三方治理型两种。

在政府行政推进型机制下，形成了"三集中、五统一"的组织实施与工作推进方式，即"技术省县集中培训、资金省县集中管理、措施村组集中实施"和"实施方案统一制定、指导目录统一颁布、服务物资统一采购、技术规范统一要求、实施情况统一监管",明确了省、市、县、乡、村各级任务与职责。

第三方治理型机制是引入第三方企业作为耕地修复的重要参与方,全面组织、协调、实施耕地修复的各项技术措施。

（3）补偿主体

补偿主体即出资方,在长株潭地区重金属污染耕地修复试点中,用于生态补偿的资金全部来源于政府。一方面是由于耕地污染成因复杂,无法找到排污者,从而根据"污染者付费"的原则要求补偿;另一方面耕地修复需要的资金相较于农户的收入来讲是一笔不小的开支,无法根据"受益者付费"的原则要求农户来付费。而且耕地修复不仅给农户带来利益,其生态服务功能更对全社会都是有益的。作为全面利益的代表,政府在耕地修复生态补偿中成为补偿主体是自然而然的。

（4）补偿客体

生态补偿中的补偿客体又称作受偿主体,是生态补偿的补偿对象。在长株潭地区重金属污染耕地修复生态补偿中,补偿的对象是对耕地修复有贡献的各类组织和个人。在政府行政推进型机制中,补偿对象是村组和由村组组织起来实施各项措施的农户。在第三方治理型机制中,补偿对象为第三方企业、村组、合作社、大户、社会化服务组织和农户。

（5）补偿形式

补偿形式主要有资金补偿和物资补偿两种。在政府行政推进机制中,对于低镉种子、石灰、土壤调理剂、叶面阻控剂、有机肥、绿肥种子等物资都采取物资形式的补偿,由政府统一采购,统一配送,实施各项技术措施的劳务费用则以资金的形式进行补偿。在第三方治理型机制中,除低镉种子由政府统一以物资形式进行补偿以外,其余的技术措施都以资金形式补偿给企业,再由企业组织安排。

（6）补偿标准

长株潭重金属污染区的补助标准是全年休耕试点每年每亩补助 1 300 元（包含治理费用），所需资金从现有项目中统筹解决，包含给予农民的休耕补助以及给予第三方修复部门的治理补助。其中，详细补助配比是农民补助每亩 700 元，治理补助每亩补助 600 元。补助方式是由县到乡，最后落实到农户，以直接发放现金或折粮实物补助的方式。允许试点地区在平均补助水平不变的前提下，根据试点目标和实际工作需要，建立对农户实施轮作休耕效果的评价标准和体系。

5.5 存在问题

国内休耕试点区域在统筹规划、落实休耕任务、签订休耕协议和耕地治理技术路径方面取得了一定的成效，但仍然存在诸多问题，影响休耕预期的效果。

5.5.1 耕地补偿措施单一

尽管提出了建立多元化的休耕补偿机制，但目前中国重金属污染耕地治理式休耕的补偿措施仍较单一，主要为发放补偿金，且通过较高的补偿标准来激励农户参与休耕，导致政府承受沉重的财政压力，限制了休耕规模的扩大。

湖南省分别于 2016 年和 2017 年提出了《湖南省重金属污染耕地治理式休耕试点 2016 年实施方案》和《湖南省重金属污染耕地治理式休耕试点 2017 年实施方案》。相比湖南省两年的方案可以发现，尽管 2017 年的补偿标准从"一刀切"式转变为"差异化"式，但并非"多元化"式，仍旧是单一的补偿措施。另外，在重金属污染耕地治理式休耕规模扩大后，若仍执行 2016 年相对较高的补偿标准，政府财政将面临巨大压力，从而限制休耕的大范围推广，可是过低的补偿标准又会影响农户的参与意愿，导致休耕补偿政策设计陷入困境。

5.5.2 政府主导为主，经营主体参与不足

大多数农民认为参与休耕的原因之一是村里安排，而非自愿参与。政府的试点虽是农户耕地养护技术采用的重要推动因素，但试点区域完全由政府主导休耕方案、补偿标准制定以及耕地养护工作的做法，导致各经营主体在休耕各环节的参与严重不足。这与我国的行政管理体制结构密切相关，一是政府参与度过高、财政负担加重，会导致休耕计划的运行和监管成本不断上升，由于过度追求量化指标会出现强制性休耕和瞒报、谎报现象；二是行政制度惯性会约束休耕的运行模式，导致经营主体主动参与、市场介入动力不足；三是随着休耕面积逐步扩大，连片休耕会涉及跨区域尤其是跨省问题，会受到行政区域各自为政的限制，很难在休耕补偿、技术监测、效果评估等方面形成合力。

5.5.3 参与主体与补偿对象错位

休耕直接受损失的是耕地经营者，部分试点区域采用将休耕补偿款直接补给拥有承包权的农户。对于未发生土地流转的耕地来说，承包经营权未发生分离，因而不存在补偿对象的选择问题。但在休耕试点区域部分土地的承包权与经营权已经分离，流转之后的补偿分配复杂，造成的经济与非经济损失会更多、更难衡量。此时，试点区域的补偿对象变为拥有经营权的主体。通过土地流转方式获得耕地的种植大户、合作社和涉农企业等新型农业经营主体，面对休耕，既要承受无法种植作物造成的经济损失，又要承担租地农户的租金，但只能得到与散户相同的补贴额。

5.5.4 实施监管缺乏有效措施

休耕的主要目的是恢复地力或保障食品安全，因此理论上休耕是"休+养"的过程。但在具体的实施过程中，无论是休耕前期的耕地审批还是后期耕地养护效果评估，都存在诸多监管漏洞。休耕前期的申报审批阶段，列入休耕范围的土地认证以及提出休耕申请的单个农户或整组整村的资质审查，都需要监管力量的介入。否则将会出现农户谎报多报骗取国家补贴、政府部门"寻租"等非法牟利问题，且可能造成"不该休耕的休了，该休耕的未休"，前期审批监管的缺失会直接导致休耕目标的偏移。休耕期间，以何种方式、由谁来确定补偿对象和补偿标准，补偿款是否能按时按标准发放，如何监管撂荒、偷种和转租等破坏耕地养护行为，如何保证休耕技术路径的合理性等，这些都是休耕监管工作的重点和难点。

5.6 经验总结

受污染耕地生态补偿机制的逐步构建是耕地修复生态补偿发展的必然，结合"十四五"时期和 2035 年"美丽中国"时期耕地土壤保护目标，提出如下建议。

5.6.1 持续开展污染耕地修复生态补偿试点工作

重金属污染耕地修复试点实质上是一种"试验创新"，是可控试验，有利于研究问题的本质和问题的决定因素，对于摸索重金属污染耕地治理的中国特色道路具有重大意义。国内试点已经取得了初步成果，且日益向好发展，但耕地修复生态补偿还有许多需要改善发展的地方，因此，持续开展试点工作对于摸索可复制、可推广的耕地修复生态补偿机制具有十分重大的意义。

5.6.2　多方联动优化休耕组织模式

早期政府在耕地休养的申报实施、资金支持、组织管理等方面起着十分重要的作用。然而，随着休耕进程不断深化和持续推进，依然延续这种政府主导的休耕模式显然已经不合时宜，亟须政府转变职能，理顺政府与市场之间的关系，积极发挥市场的资源优化配置作用，明确休耕各利益主体之间关系和职责，激发各利益主体的积极性和潜能，多方联动共同推进休耕工作，构建更为高效的休耕制度。从利益主体的视角出发，构建"政府—村委会—新型农业经营主体（农业企业）—农户—市场化服务机构"多方联动的耕地休养逻辑框架，对重金属污染休耕区休耕框架和模式进行优化。

5.6.3　激发农户积极性

农户是乡村的主体，是与耕地紧密相连、对耕地最有感情的人。耕地修复生态补偿虽然是对全社会都有益处的事，但是出发点首先是要有利于农民，生态补偿采用什么样的方式，谁来补偿，补偿多少都要以农户为山发点。只有以农民为中心不断完善耕地修复生态补偿机制、政策、法律法规，提高农户对耕地修复生态补偿的认知度和参与意愿，农民才会真正关心耕地质量的改善，才能释放他们的内生动力，激发他们建设耕地生态系统的积极性。

5.6.4　规范补偿对象

在政策实施前，某些农户早已将耕地或收费或免费将耕地转包给他人。在补贴过程中，会出现补贴对象不明确的情况。因此，需要界定最终的补贴对象，或者清算原土地主人与承包人补贴份额分配。

5.6.5 建立多元补偿方式

现金补偿是大部分环保政策都会使用的补偿方式，但是农户的喜好并不明确指向这一种补偿方式，因此，我们应该建立更加多元化的补偿方式（如物资补偿、社会保障、人身福祉等），丰富农户的选择，激发农户参与政策的积极性。

6

地块修复

6.1 我国污染地块土壤环境管理要求

为了加强污染地块土壤环境的监督管理，防控污染地块对人体健康和生态环境的风险，"十三五"期间，我国出台了一系列污染地块全过程管理制度文件和技术规范，形成了我国建设用地土壤污染全过程管理与技术体系的框架，主要管理和技术规范性文件如表 6-1 所示。

表 6-1 目前国家和湖北省主要的污染地块全过程管理制度和技术规范性文件

序号	文件名称	主要内容
主要制度性文件		
1	《污染地块土壤环境管理办法》	适用于我国疑似污染地块和污染地块土壤环境调查、风险评估、风险管控、治理与修复及其效果评估等活动，规定了全过程管理程序，以及相关管理部门、污染责任人的主要责任

序号	文件名称	主要内容
2	《关于加强土壤污染防治项目管理的通知》	明确了中央生态环境资金项目管理系统与中央项目储备库的关系；提出预算评审没有定额标准的，可以通过比价和询价等方式确定招标和采购的控制价；首次提出鼓励有条件的地区探索全过程工程咨询服务和工程总承包模式；首次明确了修复工程实施过程中初步设计的概念和环节，提出对距离敏感点较近或敏感程度较高的项目，设区的市级生态环境主管部门可要求项目单位协调相关社区建立居民沟通协调机制
3	《土壤污染防治专项资金管理办法》	规定了中央财政土壤污染防治专项资金支持的项目类型、支持要求、项目绩效管理要求，以及相关部门在资金管理中的主要职责分工
4	《建设用地土壤污染状况调查、风险评估、风险管控及修复效果评估报告评审指南》	明确了土壤污染状况调查报告、风险评估报告、风险管控效果评估报告和修复效果评估报告等技术报告的评审原则、组织实施程序、时限要求和相关部门责任分工，明确了技术评审结果的类型和判断标准。从国家层面上对规范和严格技术报告评审活动、倒逼从业单位技术报告编制质量发挥重要作用
5	《湖北省土壤污染防治条例》	针对土壤污染累积性、难恢复、治理难度大等特点，以预防为主、保护优先为原则；确立了行政首长责任制和土壤环境损害责任追究制；对农产品产地实行分级管理和分类保护，要求地方政府制定土壤污染高风险行业名录，建立了土壤环境信息发布制度
6	《湖北省污染地块风险管控与修复名录制度》	新增列入名录地块、移除名录地块的有关要求

126

序号	文件名称	主要内容
技术规范和指南性文件		
1	《建设用地土壤污染状况调查技术导则》（HJ 25.1—2019）、《建设用地土壤污染风险管控和修复监测技术导则》（HJ 25.2—2019）、《建设用地土壤污染风险评估技术导则》（HJ 25.3—2019）、《建设用地土壤修复技术导则》（HJ 25.4—2019）、《污染地块风险管控与土壤修复效果评估技术导则》（HJ 25.5—2018）、《污染地块地下水修复和风险管控技术导则》（HJ 25.6—2019）	涵盖土壤环境调查、采样、风险评估和修复技术选择、效果评估，以及地下水风险评估与风险管控技术的相关技术要求，是当前指导和规范我国开展土壤环境调查、风险评估、技术方案编制、工程实施和效果评估最主要的技术规范性文件

通过土壤污染全过程管理制度和技术规范文件，我国污染地块土壤环境管理的主要制度包括污染土壤环境调查制度；疑似污染地块名录、污染地块名单和省级风险管控与修复名录制度；暂不开发利用地块风险管控制度、风险管控或者修复工程效果评估制度等主要制度，根据这些主要制度要求，我国污染地块从疑似污染地块环境管理开始，依次经历污染地块调查、风险评估，进入省级污染地块风险管控与修复名单；对暂不开发利用的地块实行风险管控要求，降低或消除污染土壤对周边环境的风险；对具有开发利用要求的地块，实施修复与管控相结合的工程措施；修复（管控）过程中同步开展效果评估，通过效果评估，使污染土壤和地下水达到预定的修复（管控）目标，退出省级风险管控与修复名录，从而安全地投入后续的土地开发建设中。

6.2 污染地块水文地质调查

2019 年 12 月 5 日，生态环境部正式批复并实施了修订版的《建设用地土壤污染状况调查技术导则》（HJ 25.1—2019），该调查导则与其他

5 个关于监测、风险评估、治理修复及土壤和地下水效果评估导则一起，形成了一套具有完整流程的、小尺度地块规模土壤污染防治指导性的系列技术文件，是《土壤污染防治行动计划》实施后土壤污染防治工作的最重要技术成果之一。该系列被认为是整个土壤污染防治行业的入门宝书，从原则上规范了研判地块污染、风险大小及如何修复达标，并规定了主要的技术流程、必要技术手段，也是污染责任追溯、损害鉴定评估的科学支撑。然而，污染地块的水文地质调查阶段一直以来都是地块调查的薄弱环节。水文地质调查（也称作勘察）是指对污染地块土壤层、包气带和饱和带的地层特征等调查，是着力开展污染源对地表以下污染扩散成因、暴露途径及影响范围等情况摸底分析，是治理修复取得突破的重要前期工作。2018 年，改革前一直都由自然资源部门牵头，在水源勘察的基础上开展针对地下水污染调查相关工作，多集中于区域性调查与数据分析工作，小尺度调查项目少规范不足。污染地块调查评估是近几年落实国家土壤污染防治工作后新兴的项目类型，以从事环境专业的相关人员为主，对土壤条件、地层结构和特性认识不足，污染地块调查项目经常出现该水文地质调查环节的误判。

6.2.1　规范要求

目前尚没有专项的针对性的技术规范用以指导污染地块的水文地质调查阶段的工作，根据对《建设用地土壤污染状况调查技术导则》的梳理总结，主要有 5 个环节涉及对污染地块水文地质调查提出的主要要求和目的（表 6-2），并直接对后续监测、风险评估及治理方案编制产生影响。这 5 个环节分别是资料收集、现场踏勘和人员访谈、初步调查、详细采样以及调查地块特征参数。

表 6-2　不同环节污染地块水文地质调查的主要要求和目的

序号	资料收集	HJ 25.1—2019 主要要求	目的
1	资料收集	自然信息（包括地理位置图、地形、地貌、土壤、水文、地质和气象资料等）、地块土壤及地下水污染记录、环境监测数据、环境影响报告书或表、地勘报告等	初步分析地层结构特征、地下水埋深与流场、富水情况，地块周边是否有水源地、自然保护区或地表水与地块存在水力关系而受到影响等
2	现场踏勘和人员访谈	区域的地质、水文地质和地形的描述，包括地块及其周围区域的地质、水文地质与地形应观察、记录；周围区域的废弃和正在使用的各类井（如水井等）	分析协助判断周围污染物是否会迁移到调查地块，以及地块内污染物是否会迁移到地下水和地块之外；周边井的情况推测地块地下水埋深条件
3	初步调查	对已有信息进行核查，包括第一阶段土壤污染状况调查中重要的环境信息，如土壤类型和地下水埋深；查阅污染物在土壤、地下水、地表水或地块周围环境的可能分布和迁移信息	采样点垂直方向的土壤采样深度可根据污染源的位置、迁移和地层结构以及水文地质等进行判断设置；对于地下水，一般情况下应在调查地块附近选择清洁对照点。地下水采样点的布设应考虑地下水的流向、水力坡降、含水层渗透性、埋深和厚度等水文地质条件及污染源和污染物迁移转化等因素；对于地块内或临近区域内的现有地下水监测井，如果符合地下水环境监测技术规范，则可以作为地下水的取样点或对照点
4	详细采样	分析初步采样获取的地块信息，主要包括土壤类型、水文地质条件；定位和探测，可采用卷尺、GPS 卫星定位仪、经纬仪和水准仪等工具在现场确定采样点的具体位置和地面标高，并在图中标出。可采用金属探测器或探地雷达等设备探测地下障碍物，确保采样位置避开地下电缆、管线、沟、槽等地下障碍物。采用水位仪测量地下水水位，采用油水界面仪探测地下水非水相液体	进一步核实采样分层条件，选取合适钻探设备、合理的层位采集样品。并精准测绘出调查的范围、面积和方量

129

序号	资料收集	HJ 25.1—2019 主要要求	目的
5	调查地块特征参数	地块特征参数包括：不同代表位置和土层或选定土层的土壤样品的理化性质分析数据（如土壤 pH、容重、有机碳含量、含水率和质地等）；地块（所在地）气候、水文、地质特征信息和数据，如地表年平均风速和水力传导系数等。可采用资料查询、现场实测和实验室分析测试等方法	根据风险评估和地块修复（风险管控）实际需要，选取适当的参数进行调查

　　根据 HJ 25.1—2019 的要求可以看出，污染地块水文地质调查阶段的主要工作内容可归纳为土壤、包气带和饱和带属地条件的分析工作和污染物扩散及迁移结果的解析两个方面。因此，一是需要掌握污染区域内地面下水分在土壤和岩层的运动规律，如通过钻探、抽水试验、注水试验、弥散试验等方式——必要时取得原状岩心进行模拟，实现地层对污染物吸附和解吸关系的合理分析，科学规范地研判场地内污染物衰减变化；二是数值化地层结构的差异性，进一步量化污染物在不同的渗透和输送能力的地层迁移的影响因素，即获得合理的土工参数，最终结合测绘工作圈定污染扩散的垂直和水平范围。

6.2.2　工作程序梳理

　　我国目前尚未有系统规范污染地块水文地质调查的具体程序，结合工作内容和实际需要，本书总结水文地质调查专项的工作程序主要为 6 个方面。

　　①根据区域及已有的水文地质资料，初步判断区域地下水流向及污染羽趋势，制订布点方案。结合对污染物在地层迁移转化的理解和经验，资料收集的完整性及精准解读对开展初步调查环节的布点，尤其是地下

水判断布点具有重要的指导意义。

②按照采样方案，勘察地层并采集样品。在地层调查中，工作人员需要在待测区域的基础上，进行科学钻孔取样，然后在静力触探试验的规范下，实现土层污染情况的有效分析和分类，并及时进行编录。在地层调查中，系统把控地块内土层剖面结构、均匀性、载荷性能及渗透性等数据，在充分开展实验分析的基础上，进行相关曲线图、分布图绘制，从而为场地污染状况和扩散状况提供参考。

③在采样点进行的高程测量和定位工作，并对地块及周边进行全方位测绘。测绘工作主要为了进一步量化包气带特性、含水层易污染特征、环境水文地质问题等，因此应该在地质构造线、地层接触线、岩性分界线、标准层位和每个地质单元体布置地质观测点。

④饱和带地下水调查。设置地下水监测井，统一测量地下水水位；通过现场工作查明地下水赋存条件、埋藏、分布，地下水水位，流场、流速及补径排等条件。总体上，监测井中水位变化是进行地块范围内地下水的流向及流速图把控的主要方式。

⑤土工参数的获取。有必要进行室内物理性质试验、渗透性试验等，全面掌握密实度、透水系数、含水量、有机质量等参数，构建水文地质概念模型。进一步分析污染物分布，通过分析水平向和垂直向扩散的参数特征，为风险评估和治理修复提供依据。

⑥绘制钻孔柱状图、水文地质剖面示意图、地下水流向图等图件，并形成水文地质报告成果。

6.2.3 其他要点分析

工作程序的规范化和精细化还需要国家层面出台统一的技术和管理性文件，并提出报告评审技术要点、编制大纲及附件材料等。此外，

131

一些具体问题有待于被进一步重视和解决。

①建井质量对水文地质参数和地下水污染物的含量影响巨大。首先，钻探成孔后，下管前的井壁上一般会附着一层泥浆，影响井壁的渗水性能，下管前需要进行冲孔，破坏井壁泥皮，否则容易造成井孔渗透性能低于含水层实际情况；滤料层的砾石粒径、填充密实程度、井筛的开孔率均会影响现场水文地质试验的测定。其次，建井时对井管涉及的含水层顶部和底部均应做好止水工作，若止水效果不好，容易造成污染在不同含水层的扩散，并影响地下水取样的代表性。同样，对于季节性地下水资源，建议枯水期也不要轻易穿透含水层，而造成丰水期的污染扩散。

②地下水取样位置对污染物浓度结果有一定影响。导则中充分考虑了存在 NAPL 相的情况，"对于低密度非水溶性有机物污染（LNAPL），监测点位应设置在含水层顶部；对于高密度非水溶性有机物污染（DNAPL），监测点位应设置在含水层底部和不透水层顶部"，而一般情况下默认水体内部上下均匀，"采样深度在监测井水面下 0.5 m 以下"即可。而根据现有的实地调查经验，在即使没有 NAPL 相的地块，地下水取样位置设于水面下 0.5 m 处和隔水层底板处仍可能有较大的差别，建议应该根据污染物溶于水后容易富集的深度进行取样，如对于含氯有机物，一般取靠下的位置，参考 DNAPL 位置要求，对于石油类的污染物，一般取靠上的位置，参考 LNAPL 位置要求。

③土工参数样品的采集与检测标准不统一。目前，地块土壤污染调查的土工参数（如理化参数、渗透系数）等均来自现场土工取样，样品采集的位置、数量、检测及结果统计方式尚未有规范，其结果直接影响风险评估环节的计算。关于样品采集的位置，由于土工参数用于评估土壤污染的扩散风险，所以应在包气带进行取样，且应分布在不同点位的

代表性位置，取原状土样品，以代表地块的整体情况；取样数量根据经验，同一土层一般取 9 组。所有参数的测试也应该使用具有 CMA 资质的实验室开展测试分析，在对土工样品的测试结果的统计方面，目前的调查一般取平均值进行计算，实际上还需分析平均值的代表性，对中位值、四分位数、95%置信上限等不同数值对风险评估结果的影响进行分析，尽量取保守的数值，代入风险评估计算。

④地块渗透系数等参数的确定方式多样。渗透系数是污染地块调查分析的重要指标，其能实现污染物变化情况的系统掌控。故一旦水文地质模型构建，则试验人员应在抽水、注水试验的支撑下，实现污染场地渗透系数的规范计算，从而为污染场地实际污染情况的分析提供有效依据。然而，目前各地块调查一般用土工试验的渗透系数代表地块的污染渗透系数，实际上室内取样测得的渗透系数与含水层实际渗透系数有很大差别，由于试验需要取完整的原状土样品，实际取得样品测得的渗透系数一般低于地层实际的渗透能力。如确需对地下水中污染物运移进行模拟，在有条件的情况下还应参考地勘的相关规范进行专门的现场的抽水试验。

⑤地下水中污染物浓度与土壤中污染物浓度的相关性分析。对于现有的污染地块的水文地质调查，一般没有涉及地下水中污染物浓度与土壤中污染物浓度的相关性分析。而多数情况下地下水中污染的浓度取决于土壤中污染物的浓度及解吸能力，不但与含水层的土壤性质相关，也与污染物的类型相关，如粉质黏土中污染物较难扩散到水中，地下水对土壤中污染物的稀释能力较弱，而卵砾石层对污染物吸附能力较小，通过治理地下水一般能修复土壤中污染；对于镉、砷等污染物，与六价铬、挥发性有机物来讲，水土分配系数也有很大的差异，对于地下水抽出处理等处置方式的效果可能有很大的影响。目前在做污染物运移模拟过程

133

中，对于各污染物的在不同土层的解吸扩散能力方面，并没有公认适宜的模型参数，还需要更进一步地研究分析。

建议加强队伍建设，深化不同属性污染物在不同地层结构迁移扩散的机理研究，从而填补建设用地水文地质调查技术要求的缺失，如临时或永久监测井建设及验收要求、明确土工参数的获取方法、监测资质、规范渗透系数的计算方法等，通过国家科技专项和示范工程等方式，使污染地块水文地质调查更科学、更具实操性。

6.3 磷化工污染地块调查评估

6.3.1 地块信息

研究区位于长江中下游江汉平原，为区域典型的丘陵第四纪地层特点，该地块占地 1.75 万 m²，主要从事硫铁矿生产硫酸，为磷肥生产行业的前端生产，主要原材料为天然硫铁矿，生产周期长达 20 余年。地块未来利用规划为工业生产，调查进场前地块已全部拆除完成。

通过本次工作对场区及周边进行的水文地质调查，地块内水文地质条件相对简单，场地表层杂填土为相对含水层，平均层厚约 1.53 m，其下第四系坡积（Q_4^{dl}）粉质黏土层为相对隔水层，平均层厚约 6.58 m，下覆砂岩为含水层。本地块地势较高，位于坡麓地带，结合地形地貌及地层条件判断，场区内不存在稳定的第四系潜水含水层，除上层滞水以外，地下水主要为分布在风化砂岩内的裂隙水，地下水流向为西北向东南方向（图 6-1）。

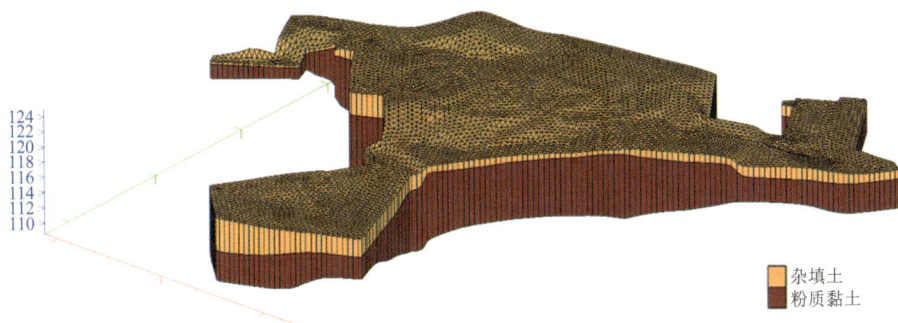

图 6-1 地层分布结构

6.3.2 污染来源与识别

硫铁矿制酸生产以外购的硫铁矿原矿为原料，采用沸腾焙烧、干法收尘、带电除尘的封闭净化和"3+2"五段转化两段两吸工艺流程。硫酸生产工艺流程如图 6-2 所示。

原料硫铁矿渣经皮带给料机均匀加入回转干燥塔进行干燥，干燥后的原料含水率为 6%，再由皮带加料机送入焙烧炉内焙烧。焙烧产生的 SO_2 炉气经除尘、冷却、干燥、二转二吸后转化为成品硫酸。焙烧炉排出的炉渣送往炉渣堆存区贮仓。天然的硫铁矿中重金属或类金属（As、Pb 等）含量较高，尤其 As 最为突出，约 0.02%。由于硫铁矿焙烧烟气二转二吸工艺中砷化物洗涤冷却后绝大部分停留在炉渣中，部分以氧化物的形式进入炉气中，最后在脱砷装置中生成 As_2O_3 危险废物。生产时的炉渣和脱砷装置生产的危险废物随意堆放与转移，导致了 As 进入周边环境中造成污染。结合生产工艺地块潜在污染物主要为重金属。

135

```
                              空气        煤
                               │          │
                               ▼          ▼
        ┌─────────┐      ┌──────────┐
        │ 硫铁矿渣 │      │  热风炉   │
        └────┬────┘      └────┬─────┘
             │                │
             ▼                ▼
        ┌─────────────────────┐      ┌─────────┐
        │      干燥器          │─────▶│  除尘    │─────▶ 尾气排放
        └──────────┬──────────┘      └─────────┘
                   │
  空气 ─────▶┌─────────────┐
             │   焙烧炉      │────────────────────┐
             └──────┬───────┘                     │
          SO₂炉气   │                             │
                   ▼                             │
             ┌─────────────┐                     │
             │   废热锅炉    │                     │
             └──────┬───────┘                     │
                   │                             │
                   ▼                             ▼
        ┌──────────────────┐      ┌─────────┐
        │ 旋风除尘、电除尘   │─────▶│  增湿器  │─────▶ 炉渣
        └──────────┬───────┘      └─────────┘
                   │
  循环酸 ─────▶┌──────────────────┐
               │ 冷却、洗涤塔       │─────▶ 废水排入事故应急池
               │ 净化、电除雾       │
               └────────┬─────────┘
                        │
                        ▼
               ┌──────────────┐
               │    干燥塔      │
               └──────┬───────┘
                      │
                      ▼
               ┌──────────────┐
               │  SO₂鼓风机    │
               └──────┬───────┘
                      │
                      ▼
               ┌──────────────┐
               │   二转二吸     │─────▶ 成品硫酸
               └──────┬───────┘
                      │
                      ▼
               ┌──────────────┐
               │   尾气吸收     │─────▶ 尾气放空
               └──────────────┘
```

SO_2炉气

SO_2鼓风机

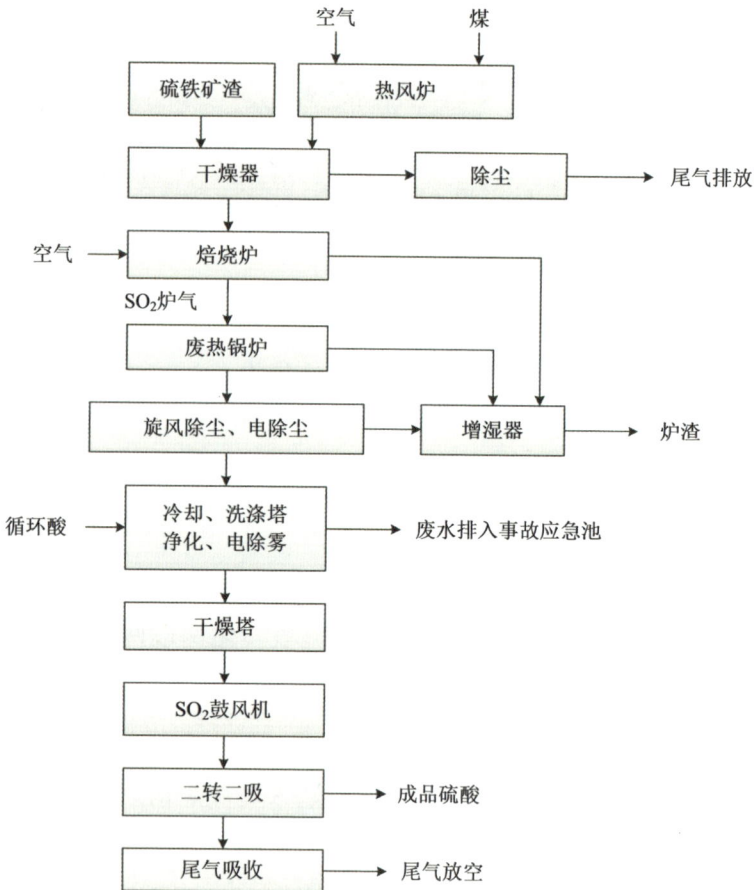

图 6-2　硫酸生产工艺流程

6.3.3　样品采集与分析

根据 HJ 25.1—2019 的要求，调查以 40 m×40 m 网格系统布点，并在生产车间和仓库等区域进行加密，共布设 38 个采样点（图 6-3）。垂直方向上采样深度保证每个地层至少 1 个样品，杂填土采取一个 0.5 m 处

的表层样，粉质黏土层平均每 2 m 采集 1 个土壤样品；具体采样深度依据便携式 XRF 检测仪现场监测设备的监测结果，并结合土层颜色、气味等其他因素进行综合判断。层间样品采集层中污染较重的位置，最终深度应确保其未受污染或达到基岩层。本次测试采用电感耦合等离子体质谱法、原子荧光法进行，检测指标包括铜、镍、铅、镉、砷、汞、六价铬、锌、锰、锑、铍、钒、钴共 13 种重金属类金属。根据《地下水环境监测技术规范》（HJ 164—2020）要求在地块范围内和周边布设地下水监测井 6 个，监测指标包括《地下水质量标准》（GB/T 14848—2017）共 37 项。

图 6-3 土壤和地下水布点

6.3.4 数据分析与评价

调查共采集土壤样品 185 个，13 种重金属均有检出。以《土壤环境质量建设用地土壤污染风险管控标准（试行）》（GB 36600—2018）二类用地筛选值和管制值评价标准，采用单因子污染指数分析进行评价。

表 6-3 土壤样品超标统计结果 单位：mg/kg

分析指标	砷	铅	钴	锰
筛选值	60	800	70	2 000
最大值	3 523	7 986	83.3	7 323
最小值	8.16	19.6	6.2	241
平均值	109.27	106.1	17.81	913.05
超标个数/个	41	2	1	7
超标率/%	22.16	1.08	0.54	3.78
最大超标倍数	57.7	8.98	0.19	2.66

在黏土层，根据超标污染物垂向分布图，As、Mn 污染范围最大，在垂向上污染较深，Pb、Co 仅表层点位超标。

调查共采集地下水样品 6 个，以 GB/T 14848—2017 中Ⅳ类标准作为筛选值，采用单因子污染指数分析进行评价。说明地块地下水受硫酸盐、锰、镉污染（表 6-4）。

表6-4　地下水样品超标统计结果　　　　　单位：mg/L

指标	筛选值	W1	W2	W3	W4	XW5	XW6
硫酸盐	350	1 703	1 374	1 540	1 455	702	309
锰	1.5	9.09	23.4	6.92	0.02	<0.01	0.05
镉	0.01	0.001	0.02	0.001	0.006	<0.001	<0.001

6.4　污染来源验证

克里金插值法在污染地块空间分布过程中被广泛使用，是对线性插值法进行距离加权的改进方法。采用 ArcGIS 11 中克里金插值法对污染物进行插值模拟，并对同一取样深度的污染物进行叠加。根据取样深度分布，将污染深度分为第一层（0～1 m）、第二层（1～3 m）、第三层（3～5 m）、第四层（5～7 m）共计 4 层（图6-4）。

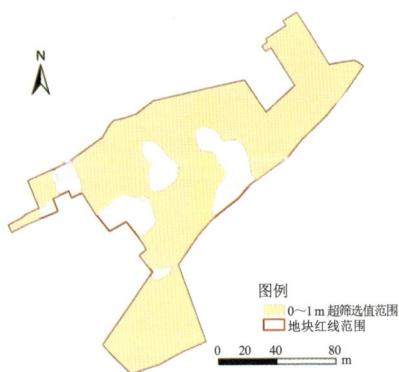

（a）第一层超筛选值　　　　　　　　（b）第一层超管制值

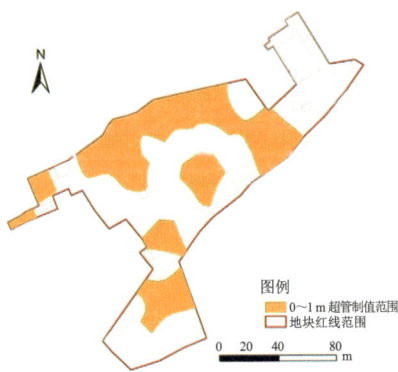

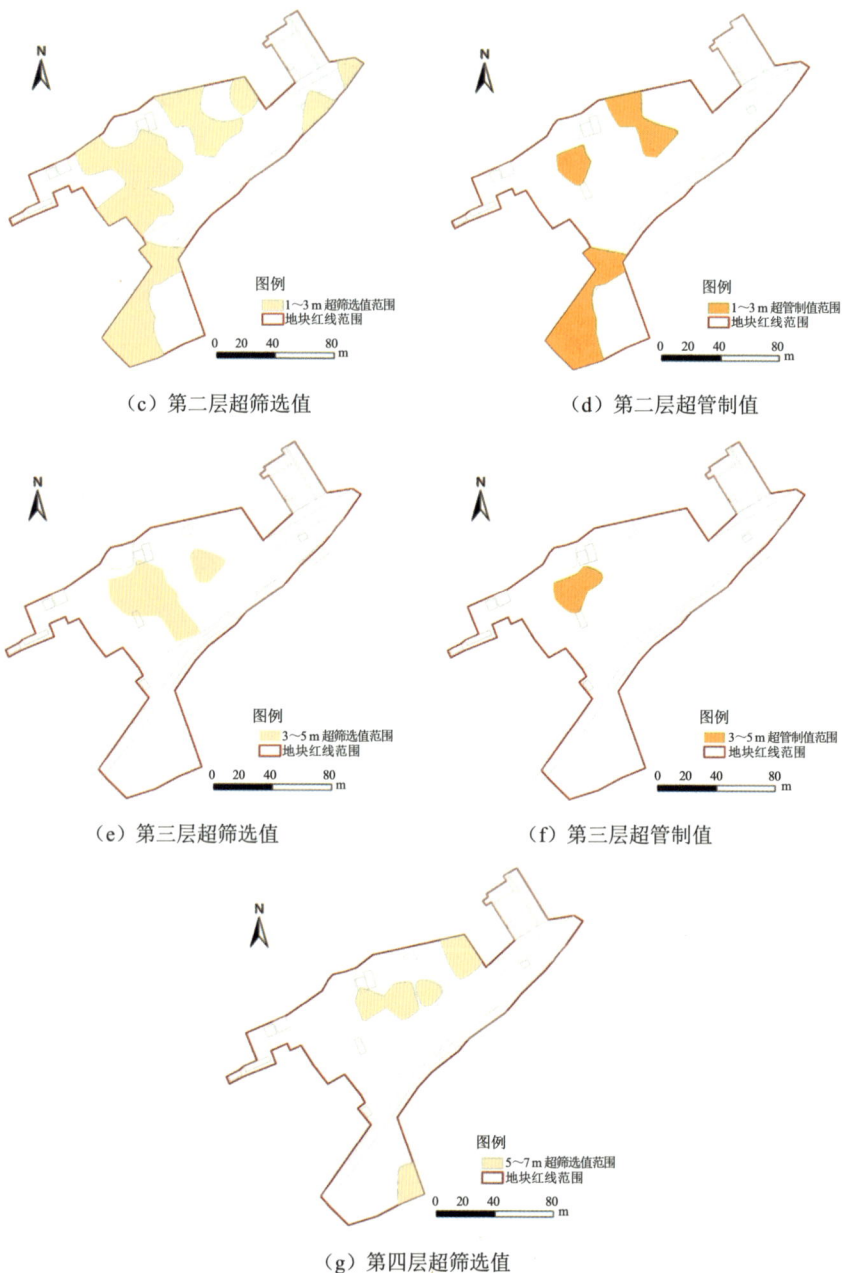

（c）第二层超筛选值

（d）第二层超管制值

（e）第三层超筛选值

（f）第三层超管制值

（g）第四层超筛选值

图 6-4　土壤中超标污染物平面分布

其中从地表向下，污染物范围逐渐缩小，第四层仅超筛选值，不超管制值，7 m 以下地块无污染。土壤中污染主要分布区域与脱砷装置车间、危险废物车间、炉渣转运路线大致重合，其中超标最严重区域位于脱砷装置车间，说明污染主要来源于生产过程中的三氧化二砷渣和焙烧后的炉渣，在收集、转运过程中遗撒造成了地块的污染。垂向上污染集中在 0～7 m 和 0～3 m 污染范围较大，从地面往下污染范围逐步缩小，说明污染主要由地表向下渗漏，最大深度未穿透黏土层。

考虑调查的所有土壤污染点位均未穿透隔水层，说明地下水污染不是来源于地表污染物通过土壤直接下渗。地下水主要赋存于全风化砂岩和强风化砂岩内，其含水层顶板为粉质黏土层底板，该高程间接反映了地下水埋深分布情况，采用 ArcGIS 11 对地块含水层顶板高程进行模拟（图 6-5），其西北角最高，南侧及中间最低，砂岩中赋存的地下水形成局部西北向东南扩散的小流场。而西北角为地块的事故应急池，该处地势为整个生产区最低，主要收集地块地表径流汇集的雨水，黏土层厚度为 1.6～2.2 m，事故应急池的深度为 2 m，该区域为整个地块上部黏土层最薄的点，现状地形的较低点，事故应急池的施工对黏土层扰动等多个因素叠加，是污染物进入含水层的通道。对比超标的硫酸盐指标分析，W1、W3 污染浓度最大，该点位位于含水层顶板最低点，进一步说明了小流场作用在地块内明显，局部的地表水下渗导致污染地下水在该处汇集。地块范围内污染的地表水在自流过程中随着事故应急池周边下渗到地下水中，随局部小流场方向向地块范围内迁移，从而导致地下水硫酸盐等相关指标超标。

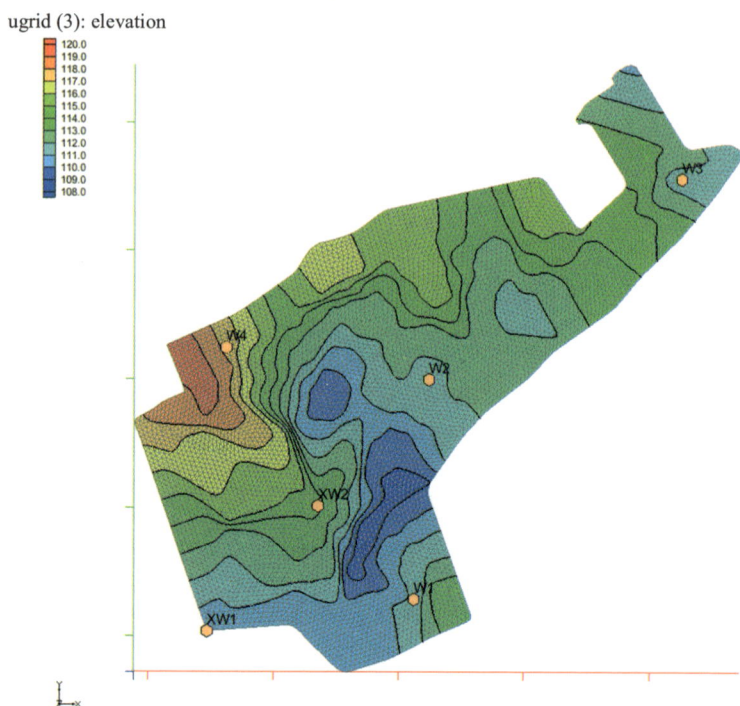

图 6-5　地块含水层顶板高程分布

6.5　污染影响分析

近年来，随着经济的飞速发展以及国家和公众对生态环境保护的重视，土壤污染以及治理修复备受关注。据 2014 年发布的《全国土壤污染状况调查公报》，工矿业废弃地土壤环境问题突出，主要污染物为 Zn、Hg、Pb、Cr、As 和 PAHs 等，涉及化工、矿业、冶金业等行业，农田土壤超标率达 19.4%；《2020 年全国生态环境质量简况》调查结果表明，农田土壤中重金属污染严重，且首要污染物为镉。中国作为农业大国，农田土壤所占面积较大，为使农作物增产大量施用农药化肥、采用污水灌溉以及周围矿山的开采导致农田土壤环境质量日益下降。农田土壤中重金属虽然污染程度较轻，但污染范围广，且具有污染物性质稳定不易降解、易在植物中累积、毒性强等特点，能通过食物链进行富集以及生物放大作用，严重影响农作物品质，长此以往也将严重威胁人体健康。

目前针对工业用地中土壤污染调查及修复已进行了大量研究，但农田土壤污染调查及治理修复进展缓慢，尤其是矿山及工业场地周边农田土壤污染更为严重，且无法进行异位或停耕停产修复，修复难度大、修复效果不理想。农田土壤重金属污染分布广泛且影响因素众多，周围工业区污染物的迁移、农业污水灌溉、农药化肥的施用及大气颗粒物的沉降均可造成农田土壤重金属超标。对土壤污染进行溯源分析是修复技术与方案制订的前提，现有的溯源分析模型包括主成分分析（PCA）、化学质量平衡法（CMB）、同位素标记法、正定矩阵因子分子模型（PMF）等。PMF 模型利用最小二乘法计算污染源的类别和贡献率，且污染源贡献均为正，对于进一步识别农田土壤污染来源，明确污染源贡献率，对污染物进行有效防治和修复更具有现实意义。

6.5.1 地块周边农田土壤污染状况

地块周边影响区中农田土壤依据《土壤环境质量 农用地土壤污染风险管控标准（试行）》（GB 15618—2018）筛选值界定耕地污染程度，显示影响区域农田土壤污染严重，As、Cd、Cu、Pb、Zn、Ni、Cr 均存在不同程度的超标，其中 As、Cd、Cu 存在超标点位多、超标程度大的问题。农用地土壤中污染物含量等于或低于风险筛选值，说明对农产品安全、农作物生长或土壤生态环境的风险低；而超过风险筛选值时，对农产品质量安全、农作物生长或土壤生态环境可能存在风险，应当加强土壤环境监测和农产品协同监测，原则上应当采取安全利用措施。分析

143

影响区中的蔬菜、玉米、芝麻、花生等农作物中重金属含量，对比《食品安全 国家标准食品中污染物限量》（GB 2762—2017）中相应农产品的标准限值，仅少量点位的农作物 As 超过筛选值，说明土壤中 As 污染在农作物中有一定程度富集，后期应跟踪监测农作物中的重金属污染。农田土壤超标重金属的空间分布如图 6-6 所示，污染均呈现面源的特点，且靠近磷化工厂区域污染较为严重，说明化工厂生产可能导致周边土壤的污染。

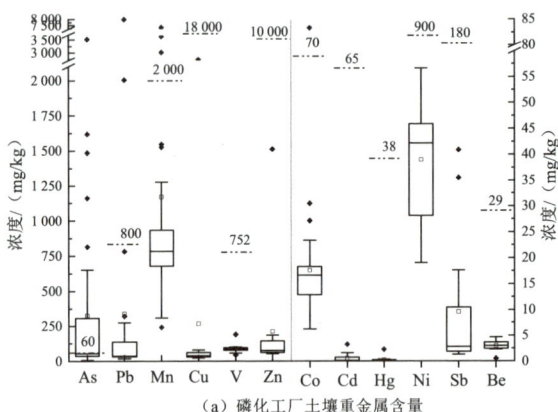

（a）磷化工厂土壤重金属含量

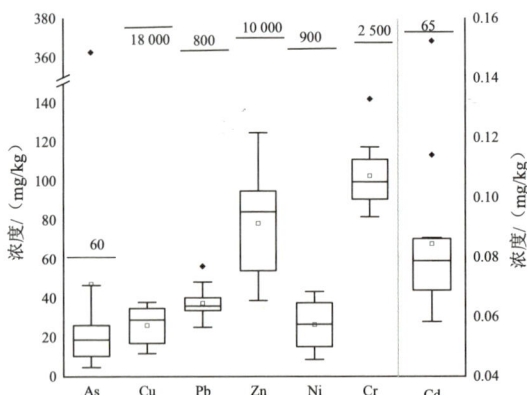

（b）对照点土壤重金属含量

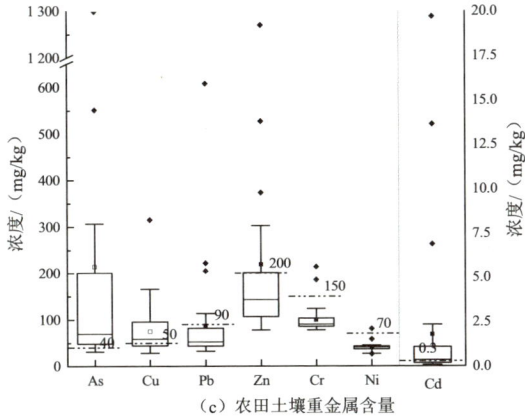

（c）农田土壤重金属含量

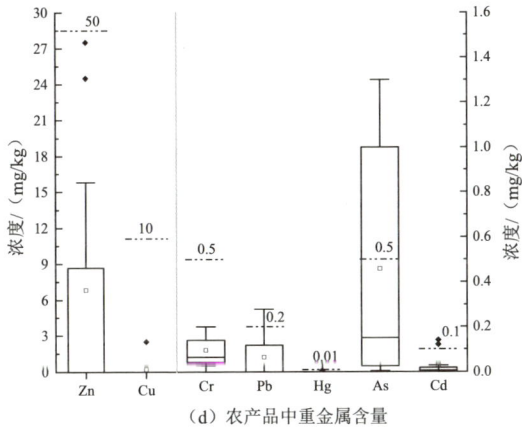

（d）农产品中重金属含量

☐ 25%～75%　I 5%～95%　—— 中位数　□ 均值　◆ 异常值　---- 筛选值

图6-6　研究区域土壤及农作物重金属含量分布

6.5.2 相关性分析

由于影响区农田土壤污染范围广且污染种类多，因此对影响区农田土壤污染做进一步分析。农田土壤采样点重金属元素相关性分析能够初步识别具有相似来源的元素，分析 7 种重金属两两之间的相关性，相关系数越大表明重金属间同源性越高。结果显示 As、Cu、Pb、Zn 和 Cd 两两之间，Cr 和 Ni 之间呈显著的正相关关系（$P<0.01$），Pearson 相关系数均大于 0.500，说明同源性很强；其中 Cu、Pb、Zn 之间呈极显著的正相关关系（$P<0.01$），Pearson 相关系数在 0.930 以上，表明 3 种元素间同源性极强；Cr、Ni 与 As 之间的相关性较弱，Pearson 相关系数分别为 0.486 和 0.207，显示元素之间可能具有相似的来源（表 6-5）。

表 6-5　农田土壤不同元素间的相关性

	As	Cd	Cu	Pb	Zn	Ni	Cr
As	1						
Cd	0.531**	1					
Cu	0.732**	0.898**	1				
Pb	0.795**	0.816**	0.935**	1			
Zn	0.698**	0.878**	0.957**	0.932**	1		
Ni	0.207*	−0.143	−0.052	−0.039	−0.078	1	
Cr	0.486**	0.013	0.124*	0.215*	0.046	0.660**	1

注：*表示在 0.05 水平（双侧）上相关性显著；**表示在 0.01 水平（双侧）上相关性显著。

6.5.3　基于 PMF 的污染源分析

PMF 模型基于最小二乘法利用观测的数据解析农田土壤污染物的来源，模型解析的因子具有非负且非正交的特点，但因子数的确定需要进行多次迭代运算并判断因子个数的合理性。在运行过程中共选取 3 个、4 个、5 个、6 个因子，对比分析残差值、所有元素实测值与模型预测值相关系数、$Q_{(Robust)}$ 与 $Q_{(True)}$ 值的差异，最佳因子数为 4 个，运算次数 50 次，PMF 模型运行结果最为稳定，7 种重金属模型预测值和实测值的相关系数除 Cr 元素 R^2 为 0.86 以外，其他 6 个元素 R^2 均大于 0.91，说明模型结果具有一定的可信度，解析因子具有一定代表性。

分析 PMF 模型解析的农田土壤各重金属来源谱图以及不同来源贡献率，因子 1 对 As 的贡献率高达 90.7%，为农田土壤的主要污染物，对 Pb 的贡献率为 31.4%，对 Cu、Zn 的贡献率约为 15.0%和 14.1%，对其他重金属元素基本无影响。分析化工厂区域内磷矿的生产加工主要为 As 和 Pb 重金属污染，且影响区 As、Pb 的重污染点位靠近化工厂，而影响区的农田位于化工厂的下游，受地块污染物迁移的影响，判断因子 1 为工业污染源。

因子 2 对 Cu、Pb 和 Zn 的贡献较大，分别为 58.4%、48.1%和 59.6%，对 Ni 和 Cr 的贡献率分别为 28.2%和 20.4%，影响区域周边有多家磷矿开采以及加工企业，生产过程中排放的废水、废气、废渣在人为活动下或自然循环进入农田土壤中，此外矿山开采过程中产生的粉尘、交通运输过程中的撒落，以及汽车尾气等因素造成土壤中 Cu、Pb、Zn 元素的超标，因此将因子 2 定义为交通运输以及大气沉降的混合污染源。

因子 3 对 Cd 有较高的贡献，贡献率高达 95.5%，对 Cu、Pb、Zn、As 的贡献率次之。近年来的研究发现，农田土壤中 Cd 的累积可能与农作物种植过程中的农药化肥施用、塑料薄膜的覆盖以及污水灌溉有关。农田用氮、磷、钾以及复合肥料中均不同程度含有 Cd、Cu、Pb、Zn 等重金属元素，对磷肥和复合肥中重金属元素浓度进行检测发现 Cd 的平均含量分别为 0.60 mg/kg 和 0.18 mg/kg，农业生产长期大量施用磷肥和复合肥等化肥，造成农田土壤中 Cd 的污染。此外，农作物管理过程中喷洒农药也不可避免地带来重金属的污染，综上分析，因子 3 为农业活动源。

因子 4 中 Cr、Ni 占比较大，贡献率分别为 73.7% 和 71.8%，对其他元素基本无影响。相关性分析结果中 Cr 与 Ni 呈显著的正相关关系，而与其他元素的相关性不大，表明两种分析方法结果一致。影响区农田土壤中 Cr 和 Ni 浓度除个别点位较高以外其他点位空间分布较为均一，对比研究区域土壤元素背景值 Cr 均值为 86.0 mg/kg，Ni 均值为 37.3 mg/kg，影响区 Cr 和 Ni 浓度集中在均值附近且变异系数小，说明两种元素受外界的扰动小。相关研究也表明，Cr 和 Ni 均为亲铁元素，在生物化学过程中具有共生关系，结合土壤中 Cr、Ni 元素含量及空间分布，判断为成土母质主导的自然来源，因而因子 4 定义为土壤母质源（图 6-7）。

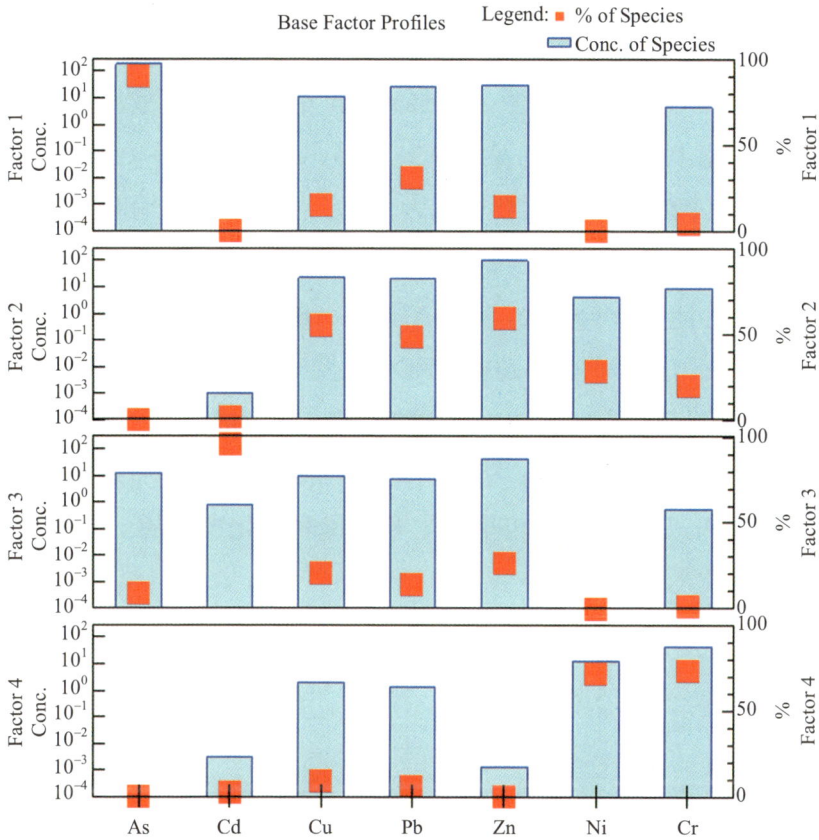

图 6-7　农田土壤重金属 PMF 源解析模型

　　影响区农田土壤中 7 种重金属的 4 个潜在来源，即工业污染源、大气沉降及交通运输源、农业污染源和成土母质源对不同的重金属贡献率各有差异。从 PMF 模型成分谱图中可以看出，工业污染源和农业污染源对 As 的贡献率分别为 90.7% 和 9.3%，表明农田周边的化工厂生产在很大程度上造成了农田土壤中 As 的污染；Cd 的来源为农业污染源（95.5%）、成土母质源（3.2%）、大气沉降及交通运输源（1.3%），究其原因为农业生产中的农药化肥的不合理施用导致 Cd 的累积；Cu 的主要来源为大气沉降及交通运输源（54.8%）、农业污染源（20.3%）、工业污染源（15.0%）和成土母质源（9.9%）；Pb 的主要来源为大气沉降及交通运输源（48.1%）、工业污染源（31.4%）、农业污染源（14.0%）和成土母质源（6.4%）；Zn 的主要来源为大气沉降及交通运输源（59.6%）、农业污染源（26.3%）、工业污染源（14.1%）；说明 Cu、Pb、Zn 来源较复杂，受人为活动影响较大，矿山的开采、矿石加工以及农药化肥的长期施用导致农田土壤重金属超标；Ni 的主要来源为成土母质源（71.8%）和大气沉降及运输源（28.2%），Cr 的主要来源为成土母质源（73.7%）、大气沉降及运输源（20.4%）、工业污染源（4.6%）和农业污染源（1.3%），说明 Cr 和 Ni 受外界扰动较小，主要为母岩风化形成的土壤本底产物（图 6-8）。

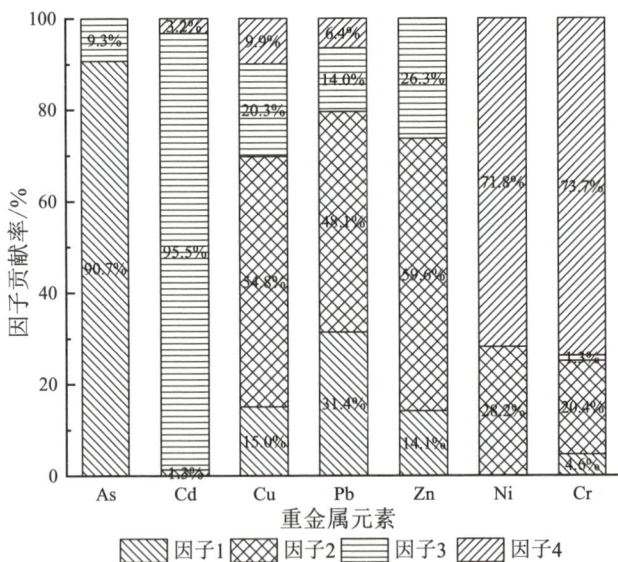

图 6-8　农田土壤重金属污染因子贡献

　　影响区农田土壤重金属元素的相关性分析和 PMF 源解析均能较好地解释 7 种重金属的不同来源,农田土壤中重金属受人为扰动因素较大,污染不仅来自邻近化工厂生产和矿山的开采,也与农业生产活动有关,针对不同的污染来源应采取相应的措施从源头进行管控或堵截。因此,土壤重金属的溯源分析对污染土壤的治理修复具有重要的指导意义,可以为土地资源的合理开发利用、生态环境保护和土壤污染综合防治提供理论支撑和科学依据。

6.5.4　影响分析

　　磷化工厂内造成土壤重金属污染的主要为 As、Pb、Mn 和 Co,As 的超标率达 47.5%,最大浓度为 3 532 mg/kg,超过筛选值约 59 倍;Pb 有 2 个点位超标,最大浓度为 7 986 mg/kg,超过筛选值约 10 倍;污染主要集中在原料堆放仓库以及生产车间和炉渣堆放区,As 呈现面源污染的特点,Pb、Mn 和 Co 主要为点源污染。

　　磷化工厂周边农田土壤污染也较为严重,除了 As 和 Pb 污染,其他常见的重金属 Cd、Cu、Zn、Ni、Cr 也存在不同程度的污染,其中 As、Cd 和 Cu 的污染较为严重,重污染区均靠近磷化工厂,说明磷化工厂在生产过程中产生的重金属污染对周边的农田土壤有一定影响。对 7 种重金属进行相关性分析结果表明 Cu、Pb、Zn 之间,Cr 和 Ni 之间具有很强的同源性。

　　PMF 源解析模型将农田土壤中的 7 种重金属来源分为工业污染源、大气沉降及交通运输源、农业污染源以及成土母质源;其中 As 主要来源为工业污染源,Cd 主要来源为农业污染源,Cu、Pb、Zn 主要来源为工业污染源、大气沉降及交通运输和农业污染源的共同作用,而 Cr、Ni 受外界扰动较小,主要为母岩风化形成的土壤本底产物。

6.6 污染健康风险评价

污染健康风险评价程序包括危害识别、暴露评估、毒性评估和风险表征。由于后续开发为工业用地，确定敏感受体为成人，本地块的暴露途径见表 6-6。

表 6-6   本地块人体健康存在的暴露途径分析

污染源	暴露途径	重金属	硫酸盐	受体
表层污染土壤	经口摄入土壤	√	—	成人
	皮肤接触土壤	√	—	成人
	吸入土壤颗粒物	√	—	成人
	吸入室外空气中来自表层土壤的气态污染物	×	—	成人
下层污染土壤	吸入室外空气中来自下层土壤的气态污染物	×	—	成人
	吸入室内空气中来自下层土壤的气态污染物	×	—	成人
污染地下水	吸入室外空气中来自地下水的气态污染物	×	×	成人
	吸入室内空气中来自地下水的气态污染物	×	×	成人
	饮用地下水	×	×	成人

注："×"代表没有暴露途径；"—"代表没有污染。

土壤中重金属暴露途径主要为上层土壤的经口摄入、皮肤接触土壤和呼吸吸入土壤颗粒物 3 种暴露途径；地块未来规划不以各种形式进行地下水开采。地下水中的重金属、硫酸盐均没有暴露途径，表明在该地块对人体没有健康风险，无须进行后续治理和管控。

使用我国《污染场地风险评估技术导则》（HJ 25.3—2019）中推荐的健康风险评估模型对土壤中污染物的健康风险评估。当单一污染物致癌风险水平大于 10^{-6}，或者危害商大于 1 时，可能对人体具有危害，需采取进一步的管控措施。

3 种污染物中，As 的致癌和非致癌风险均超过了可接受水平，风险最高；Co 的非致癌风险均超出可接受水平，对当地居民的健康产生了威胁；Mn 的致癌和非致癌风险均没有超过可接受水平，说明污染物在该情境下对人体健康风险可控（表 6-7）。

表 6-7　土壤污染物风险评估

污染物	致癌风险	非致癌风险
As	2.28×10^{-3}	42.9
Mn	0	0.603
Co	4.59×10^{-6}	9.24×10^{-2}

成人血铅模型（ALM）通过评估暴露于商业/工业用地铅污染土壤的孕妇胎儿血铅含量来表征铅污染土壤的人体健康风险并用于推导铅的土壤铅环境基准。通过确保胎儿血铅含量 95%置信上限低于临界值 10 μg/dL 时孕妇血铅平均值，依据我国妇女 PbBadult，0 和 GSDi，adult 的几何均值代入模型，计算我国工业用地铅的土壤环境基准值为 633 mg/kg。该地块部分点位铅浓度超过了该基准值，说明地块铅污染对人体健康存在风险，需要进一步管控。

根据上述污染物健康风险评价确定 As、Co、Pb 是地块待修复目标污染物。采用 GMS10 中克里金插值法对污染物进行空间插值模拟，为地块后续修复工作提供基础（图 6-9）。

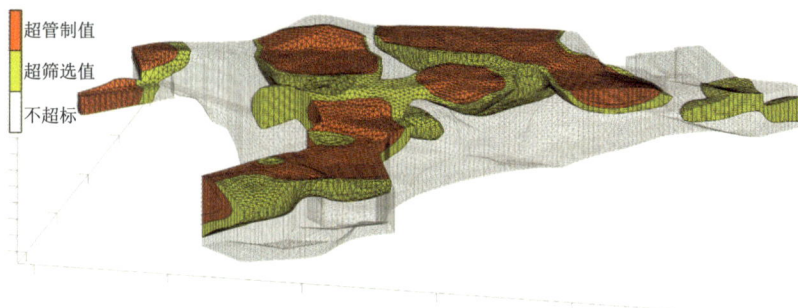

图 6-9　地块污染土壤空间模拟分布

6.7　地块修复治理实施

6.7.1　含重金属污染土壤固体废物属性鉴别

①由生态环境部部长信箱中"关于污染土壤外运是否需要对其进行危险废物鉴定的回复"可知，项目含重金属污染土壤属于固体废物，外运水泥窑协同处置前，需要进一步对其危险废物属性进行鉴别，便于明确后期运输及处置方式。

②属于固体废物的需依据《国家危险废物名录》判断，凡列入《国家危险废物名录》的属于危险废物，不需要进行危险特性鉴别（感染性废物根据《国家危险废物名录》鉴别）；未列入《国家危险废物名录》的，应按照第③条进行危险特性鉴别。经专业判断，该重金属污染土壤不在危险废物名录中。

③依据《危险废物鉴别标准》（GB 5085.1—GB 5085.6）进行鉴别，凡具腐蚀性、毒性、易燃性、反应性等一种或一种以上危险特性的，属于危险废物。根据前期场地调查与风险评估结果，重金属污染土壤主要是由于厂区建设过程中炉渣中的重金属下渗造成的。经专业判断，该项

目重金属污染的土壤不具有腐蚀性、急性毒性、易燃性、反应性、毒性物质含量超标特性，因此只开展浸出毒性鉴定。

2020 年 10 月，针对调查阶段重金属浓度含量较高的样品，选用 HJ 299 硫酸硝酸法进行重金属浸出毒性实验，模拟极端条件下重金属的迁移情况（表 6-8）。

表 6-8　污染样品浸出检测结果　　　　　单位：mg/L

指标	砷	铅
标准（GB 5085.3—2007）	5	5
S7–0.5	0.314	ND
S6–0.5	0.313	ND
XS13–4.5	0.162	0.214
XS15–2.5	0.054 5	ND
XS2–0.5	1.81	ND
XS4–2.5	0.684	ND

检测结果表明，砷、铅浸出未超标，通过检测结果可初步判断重金属污染的土壤不具有危险废物属性。

项目实施阶段需针对含重金属污染土壤在转运离场前需进行危险废物属性鉴别，应对第一层污染土壤和下层污染土壤分别取样送检，在开挖运往异地水泥窑协同处置处理前需进行危险废物鉴别工作。严格按照相关管理部门及法律法规的要求，确保依法合规出具鉴别结果后，将含重金属污染土壤按照相应固体废物管理要求外运至水泥窑协同处置。

6.7.2　重金属污染土壤水泥窑协同处置

项目待处理的地块范围内污染土壤 29 425.2 m³，清挖预处理后全部送水泥窑协同处置。污染土壤处理工艺流程主要包括污染土壤清挖、监测、基坑支护、运输、水泥窑协同处置及水泥熟料污染物浸出浓度验收等，其主要施工步骤见图 6-10。

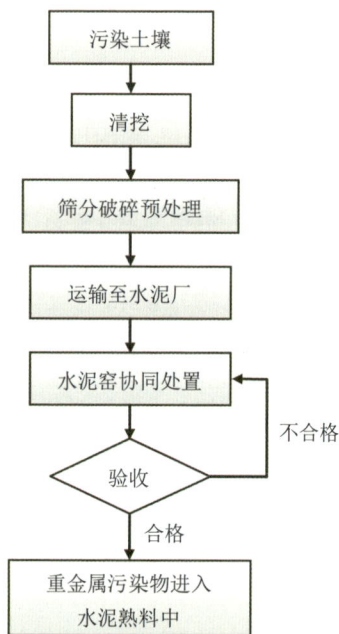

图 6-10　主要施工步骤

经预处理后的污染土壤以一定比例投加到水泥生产线原料段及高温段，进行高温煅烧。在水泥窑高温段，气体和物料的温度都能达 900℃以上，确保污染物被彻底分解破坏。煅烧后的土壤成为水泥熟料的一部分，从而实现污染土壤的有效处理和资源化利用。经预处理后的污染土壤在水泥窑中的投加比例按照《水泥窑协同处置固体废物环境保护技术规范》（HJ 622—2013）中的要求经计算确定，以保证入窑物料（包括常规原料、燃料和污染土壤）中重金属、氟、氯、硫的投加量低于入窑限制，投加量限制值见表 6-9。

表 6-9　水泥窑入窑最大允许投加量限值

元素		单位	最大允许投加量
重金属	汞	mg/kg-cli	0.23
	铊+镉+铅+15×砷		230
	铍+铬+10×锡+50×锑+铜+锰+镍+钒		1 150
	总铬	mg/kg-cem	320
	六价铬		10
	锌		37 760
	锰		3 350
	镍		640
	钼		310
	砷		4 280
	镉		40
	铅		1 590
	铜		7 920
	汞		4
氯		%	0.04
氟		%	0.5
硫		%	0.014

注："cli"表示不包括由混合材带来的重金属；"cem"表示包括由混合材带来的重金属。

　　水泥窑系统采用高效布袋除尘器作为烟气除尘设施，可吸收烟气中粉尘，以及各种重金属物质，能大大地降低烟气中有害物质的排放浓度，保证达标排放。污染土壤经水泥窑协同处置处理后产生的水泥熟料中污

染物的浸出应满足国家相关标准。为保证污染土壤在水泥厂暂存期间不对周边环境造成二次污染，要求水泥厂必须有可存放污染土壤且能防止污染物扩散的车间。

6.7.3 地下水长期监测

结合调查结果，地块范围内地下水与地块相关的超标因子主要包括砷、锰、镉、镍、硫酸盐、氟化物、氨氮。对地块范围内超标且存在暴露途径的地下水污染物氨氮健康风险进行评估，其风险未超过可接受水平，表明地块范围内地下水中的污染物对人体健康风险可控。但是考虑地块周边地下水不超标，但地块内地下水超标，出于保守考虑，该地块地下水需采取长期监测等措施进行污染管控。

为此施工期在地块内布设 4 口监测井，地块外西侧上游布设 1 口监测井作为对照井，地块东侧下游布设 2 口监测井，合计 7 口监测井。监测井的孔径不小于 110 mm，初步确定监测井深度为 11 m，具体深度根据现场水文地质条件进行灵活调整。施工期每月监测 1 次。鉴于土壤中的主要污染物为砷，检测时增加该指标，主要检测指标为砷、锰、镉、镍、硫酸盐、氟化物、氨氮。监测地下水关注污染指标浓度变化，地下水污染物浓度应随监测时间延长呈下降趋势。当地下水污染物浓度增加时，应进行污染源分析，必要时须对风险管控措施进行优化。考虑地下水污染主要来源为地表废渣和废水，施工时需优先对污染源进行转移。项目完工后，参照 HJ 25.5—2018 要求，需对地块进行后期环境监管，监管方式包括长期环境监测（地下水监测）和制度控制，两种方式可结合使用。

地下水监测井建井施工过程如下。

（1）钻井

该过程使用 8 根长度约为 1.5 m 的螺旋钻杆，内部为中空结构，底部用木塞封堵，防止钻井过程中泥土进入中空结构。地下泥土在螺旋钻旋转过程中，沿着螺旋结构被输送到地表，由建井操作人员用铁锹进行清理。每根螺钻杆钻进地底后，使用螺栓连接另一根螺旋钻杆后再进行进一步钻井施工。

（2）下管

当钻井完成后，螺旋钻杆先留置地下，从其中空结构内置入连接好的监测井专用 PVC 管（纯 PVC 无其他添加成分），监测井管为螺纹接口，不使用任何黏结剂。其中底下为花管，上面为实管。

（3）滤料回填

下管完成后，需要进行滤料回填。该过程要提升并卸下部分螺旋钻杆，保留一根螺旋钻杆作为回填通道。监测井过滤材料选用经过清水清洗、按比例筛选、化学性质稳定，均匀系数为 1.5～2.0 的石英砂作为过滤层滤料，石英石粒径为 5～10 目，石英砂滤料需要回填至花管以上 20 cm。

（4）止水材料回填

滤料回填完成后，需要进行止水材料回填，选用膨润土作为止水材料进行回填，回填至地表标高。

（5）洗井

考虑井内泥浆沉积会对监测井内水质造成影响，选择在沉积之前对监测井进行及时清洗，清洗量为井内水量的 3 倍以上。

（6）制作保护盖

为防止监测井在施工过程中被破坏，防止地表水及污染物质进入监测井内，因此在每口监测井建设井口配套保护设施。井口保护装置包括井盖、井台、警示柱、井口标识等部分。井盖及内径 150 mm 的保护套筒为不锈钢材质；井口锁头采用六角螺丝刀异型锁；保护筒高为 20 cm，下部应埋入水泥平台中固定。水泥平台厚为 10 cm，边长为 40 cm×40 cm

的正方形水泥台，水泥台四角各设置一根警示柱。警示柱为黄黑相间的管材，其中高出水泥平台 0.4 m，埋在水泥平台下 0.1 m。

井保护装置的施工情况如图 6-11 所示。

图 6-11　监测井保护盖设置

7

管理经验

7.1 做"实"规划，储"好"项目

环境保护，规划先行。钟祥市一直要求，所做规划的目标指标与重点工程项目密不可分，重点工程策划合理，目标指标才可以按期完成，考核任务才可以顺利完成；同时在目前县市级财政紧张的情况下，以获得国家专项资金支持为目标，重点工程前期调查评估必须做扎实。因此，在地方政府的正确引导下，钟祥市自筹经费聘请第三方技术团队，开展"十一五"时期和"十三五"时期重金属规划，确保将规划做"实"。不仅完成了规定动作，也做好了摸底调查、项目储备和积极配套等多项任务，一举多得，收获满满。

同时，重视县级环境规划工作，在县级层面应该按要素做好专项规划，规划中要做实项目前期的研究报告。用规划的目标指标倒逼重点工程安排（如重点核算企业源头重金属治理工程实施减排量），完成多少亩农田的治理可以使湖北省的受污染耕地的比例降低并达标。在规划编制阶段就需要做好调查评估，按照国家的技术规范和导则完成前期实施

方案的编制，所有规划项目都可以直接申请中央项目资金，规划几个项目附件就有几个项目的研究报告和实施方案。这样的规划，不仅满足了国家申报的要求，更重要的是使地方政府布置任务有的放矢。

7.2 全方位协调，积极开展申报工作

由于土壤污染复杂性及土壤修复技术要点的繁冗，其相较于气、水的项目申报流程更长，难度更大。一方面，加强国家部院技术合作，提升自身能力。钟祥市自知环保工程起步较晚，申报经验不足，先后与中国环境科学研究院、生态环境部环境规划院、生态环境部土壤与农业农村生态环境监管技术中心等国家部属单位合作，对申报流程和文件严格把关，申报的同时县局人员的技术水平也得到了大幅提升。另一方面，提高与市县镇各部门协调配合度，推动项目执行中最难的部分是各部门协调配合。钟祥市生态环境分局承担了大部分的项目主体监管工作，同时利用政府常务会，积极报送相关情况，得到政府领导的大力支持和认可，以绩效导向、责任压力传导各部门，从而有效地解决大量协调问题。如企业拆迁补偿问题，耕地转移支付问题等。另外，根据项目实施需要协调落实地方配套资金，保障项目资金正常流转。

"十二五"期间，国家《重金属污染综合防治"十二五"规划》将钟祥市胡集、双河、磷矿三镇区域划定为砷污染重点防控区域，在地方政府的组织实施下，一方面，大力开展磷化工行业综合整治，淘汰关闭了一批落后生产工艺和小规模生产企业，积极推进保留企业的达标排放整治和资源循环回收利用，经过多年的集中整治，源头企业重金属排放数量得到较为明显的下降，"十二五"末期基本达到了以污染源头排放控制为重点的阶段性整治要求；另一方面，钟祥市政府领导和基层干部求真务实、虚心求教，多次前往河池、黄石等土壤污染防治先行区调研，

多次邀请各地的领导、专家指导工作，系统学习项目策划、申报、专项资金使用等经验，因地制宜制定重金属规划目标，为后期的项目储备和申报打下了坚实的基础。

在项目申报方面，地方生态环境主管部门从"十二五"期间就开始积极开展储备和申报工作，早做准备，事先规划。2014年，钟祥市邀请中国环境科学研究院协助钟祥市完成了国家重金属重点防控区域的环境调查，初步梳理了"胡双磷"三镇的区域环境问题。2015年，钟祥市又邀请生态环境部环境规划院，针对重金属项目储备库申报工作的要求，重点进行储备项目系统梳理和完善，2015年年底南泉河河道治理、虎山村农田修复和浰河重金属污染治理3个项目顺利入库，钟祥市首次成为全国30个项目资金重点支持的县市之一，持续获得2015—2017年中央专项资金。2016年，在地方政府的积极推动下，开展了《汉江流域（钟祥段）重金属污染防治示范流域"十三五"规划》研究工作，在《"十三五"生态环境保护规划》中，汉江流域钟祥段被纳入全国重金属污染防治示范流域。2017年中央土壤项目储备库申报时，汉江流域钟祥段示范流域所规划的防控区农田治理、国荣磷化和华毅化工项目也都顺利入库，2017—2022年持续新增治理修复工程项目。

当然，严格进行项目推进和监管，确保项目执行率不拖后腿也是项目实施的关键。自2015年至今获得7个项目（含重金属）资金支持，是湖北省执行率完成情况最好的县市，这与他们系统的组织、高效的执行和严格的管理密不可分。钟祥市政府多次召开相关部门协调会和培训，牢固树立新发展理念，统一思想认识，强化组织领导、部门协作、检查督办，全力整改，补齐"短板"。坚持问题导向，紧扣环保绩效目标，突出重点难点，加大工作力度，切实做到全整改、真整改、实整改，确保按时完成各项工作任务。

通过"十二五"时期、"十三五"时期多年的努力,"胡双磷"地区重金属问题得到明显解决,大幅改善了地表水环境质量和耕地土壤质量,收获了超预期的环境效益、经济效益和社会效益,如建设了乡村广场、修复并优化了村镇河流和农田等,为汉江水质改善乃至长江流域大保护贡献了一份力量。

7.3　严格项目管理规定和程序

项目实施过程中,按时汇报项目绩效完成情况,步步落实资金使用情况,紧扣绩效目标,倒排工期,以钉钉子精神抓好项目实施,以项目绩效作为重要进度款支付依据,推动项目积极有效地进行。湖北省生态环境厅和荆门市加强了监管和质控,定期定点督办项目和进度,发现问题及时整改,并大力支持和引导项目的执行和效果评估工作。

7.4　重视管理干部培养

"为政之要,唯在得人"。实现城市的绿水青山,关键在建设一支高素质专业化干部队伍,归根到底在于培养选拔一批又一批优秀年轻干部接续奋斗。以情怀、绩效激发县级干部干环保的热情,提升县级基层干部的责任感,从多个方面提升基层一线环保干部人员的福利待遇、考评奖励,重奖那些老老实实扎根基层、兢兢业业干出实绩的年轻环保干部,不让老实人和有担当的人吃亏。